꽃보다 **꽃나무**
조경수를 만나다

꽃보다 꽃나무

조경수를 만나다

강철기 지음

하늘에서 내려온 선녀 꽃 함박꽃나무

봄 햇살 담은 봄나들이 꽃 개나리

눈물처럼 후드득 지는 꽃 동백나무

구중궁궐의 꽃 양반의 꽃 능소화

Grant park, Chicago

들어가는 말

나무 없는 세상을 상상할 수 없듯이, 우리의 생활공간에서 나무와 숲은 대단히 중요하다. 잿빛의 콘크리트 문명에 찌든 요즘 도시들은 한결같이 '숲 속의 도시', '도시 속의 숲'을 지향하고 있다.

원예 치료나 산림 치유가 새로운 트렌드로 떠오르는 웰빙과 힐링의 시대를 맞아, 건강과 휴식이 무엇보다 중요한 도시민들에게 나무와 숲은 어느 때보다도 의미 있는 생활공간 요소로 다가오고 있다. 그래서 우리는 삶에 아주 큰 영향을 미치는, 생활공간 주변의 나무와 친해지지 않으면 안 된다.

누구나 이름을 모르고는 친구가 될 수 없다. 우리 주변의 나무와 친하기 위해서는 무엇보다도 먼저 나무의 이름을 알아야 한다. 나무 이름을 부르는 방식에는 여러 가지가 있다.

국제식물명명규약에 따른 '학명(學名, Scientific Name)', 국가가 표준으로 정한 나무 이름인 '국명(國名, National Name)', 영명·일본명·중국명처럼 국가별로 자신의 언어나 문자로 표기하는 '외국명(外國名, Foreign Name)', 일부 사람이나 특정 지방에서 부르는 '별명(別名, Nickname)'이나 '향명(鄕名, Vernacular Name)', 일반적으로 통용되는 '일반명(一般名, Common Name)'이 그것이다. 일반명은 '보통명(普通名)'이라고도 한다.

예를 들어 아직도 많은 사람들은 인기 있는 꽃나무인 '배롱나무'를 '백일홍나무'나 '목백일홍'으로 부르고 있다. 여기서 '백일홍나무'나 '목백일홍'은 많은 사람들에게 널리 통용되는 '일반명'에 해당하고, '배롱나무'는 우리나라가 표준으로

꽃보다 꽃나무 조경수를 만나다

배롱나무

정한 국가표준식물명인 '국명'에 해당한다.

전 세계적으로 통하는 이 나무의 '학명'은 '*Lagerstroemia indica* Linnaeus'다. 영명(英名)은 'Crape Myrtle'이고, 일본명(日本名)은 'サルスベリ'이며, 중국명(中國名)은 '紫薇花'다. 일부 사람이나 특정 지방에서 흔히 부르는 '간지럼나무'는 '별명'이나 '향명'에 해당한다.

국명, 외국명, 별명, 향명 그리고 일반명으로는 전 세계의 모든 나무들을 일대 일로 대응해 지칭할 수 없다. 국명·외국명·향명은 동일한 언어를 사용하는 사람들만 사용할 수 있고, 세계 공통으로 사용할 수는 없다. 일반명이나 별명도 마찬가지다. 그래서 전 세계적으로 통하는 나무들의 통일된 이름이 필요하게 되었다.

1867년 파리에서 개최된 제1회 국제식물학회에서 세계 공통의 이름을 만들기 위해 '국제식물명명규약(國際植物命名規約, International Code of Biological Nomenclature)'을 만들었다. 이 국제식물명명규약에서 정한 방식에 따라 만들어진 '학명(Scientific Name)'은 전 세계적으로 통하는 통일된 나무 이름이다. 나무는 각 국가에 따라 여러 이름을 갖지만, 통일된 학명이 있으므로 세계 공통으로 사용할 수 있다. 국제화 시대에 학명의 중요성은 여기에 있다.

학명은 스웨덴의 식물학자 린네(Carl von Linné, 1707~1778)가 만든 '이명법(二名法, Binominal Nomenclature)'에 기초해, '속명(屬名)'과 '종소명(種小名)' 단 두 가지로 모든 나무를 표기할 수 있다. 하나의 학명은 오직 하나의 종(種)을 가리키기 때문에, 전 세계 모든 생물 종의 표준으로 사용할 수 있는 아주 유용한 이름이다.

한 나라에서 같은 나무를 여러 이름으로 다양하게 부르면, 혼란스럽기는 하지만 여러 이름이 갖는 뜻이나 함축된 의미를 알게 되는 장점이 있다. 언어에 있어 사투리의 역할과 같은 맥락이다. 그러나 정감 있고 맛깔스런 사투리도 있어야 하지만, 국어 사용에 있어 혼란을 방지하기 위해서는, 표준어가 마땅히 공용어가 되어야 한다. 그리고 모든 경우 표준어를 우선해서 사용하는 것이 원칙이다.

이런 관점에서 국가가 공식적인 절차에 따라 나무 이름을 표준으로 정한 '국가표준식물명(國家標準植物名)' 즉 '국명(國名)'은 매우 중요한 의미를 갖는다. 이는 일반명이나 향명, 별명이 중요하지 않다는 것이 아니고, "국명 사용을 원칙으로 모든 경우에 국명을 우선해 사용해야 한다"는 것이다.

현재 우리나라는 자생식물과 귀화식물, 그리고 외래식물 등의 수목 유전자원에 대한 이름의 통일 및 표준화를 위한 '국가표준식물목록'을 작성하기 위해, 「수목원·정원의 조성 및 진흥에 관한 법률」에 따라 국립수목원장을 위원장으로 하고 국립수목원이 운영하는 '국가수목유전자원목록심의회'에서 국명을 정하고 있다.

이 책은 주로 생활공간 주변에 심는 '조경수(造景樹)'를 대상으로, 나무의 의미와 조경적 활용을 중심으로 쓴 책이다. 우리의 삶과 보다 더 밀접한 나무인 조경수는 현재 국명이 아니고 일반명이나 별명, 향명으로 불리고 있는 경우가 많아 아주 혼란스럽다. 이 책에서 나무 이름은 2019년을 기준으로, 국립수목원의 국가수목유전자원목록심의회에서 정한 국명 사용을 원칙으로 한다.

한편 외국에서 들어온 '외래종(外來種)'과 오래전에 이미 토착화된 '귀화종(歸化種)'의 개념은 구분이 모호하고 별다른 의미가 없다고 생각해, 국가표준식물목록과 국가표준재배식물목록을 근거로 원래 우리나라에 자라는 '자생종(自生種)'과 사람의 손에 의해 가꾸어진 '재배종(栽培種)'으로 구분한다.

차례

개나리는 남녘에서 북쪽으로 올라가면서 우리의 산과 들을 온통 노랗게 물들이며 봄이 왔음을 온 세상에 알린다

봄 햇살 담은 봄나들이 꽃 개나리

과명   Oleaceae(물푸레나무과)
학명   *Forsythia koreana*

金鐘花, Korean Goldenbell Tree, Korean Forsythia

1

나리 나리 개나리 / 입에 따다 물고요

병아리 떼 종종종 / 봄나들이 갑니다

윤석영이 작사하고 권태호가 작곡한 동요 「봄나들이」의 첫 구절이다. 그런데 봄나들이에 입에 따다 문다는 '나리'와 '개나리'는 어떤 관계일까?

이름 앞에 '개'라는 접두어가 붙으면 대개 '천박하고 못한'의 뜻이다. 즉, "개나리는 나리보다 못하다"는 것이다. '나리(*Lilium spp.*)'는 백합과에 속하는 초본(草本, 풀)의 '여러해살이(다년생多年生) 꽃(화花)'이고, '개나리(*Forsythia koreana*)'는 물푸레나무과에 속하는 목본(木本, 나무)의 '낙엽활엽관목(落葉闊葉灌木)'이다.

이같이 나리와 개나리는 분류학적으로는 아무런 연관이 없다. 꽃의 모습이 서로 비슷하게 생겨, 나리의 이름을 딴 개나리가 생긴 것이다. 이런 이름으로 보면, 개나리꽃은 나리꽃보다는 못한 모양이다.

그런데 동요 가사에는 왜 나리와 개나리가 같이 등장하는 것일까? 만약 나리와 개나리를 식물분류학으로 구분해 노래하면, 봄나들이 가기가 상당히 어렵게 된다. 아마 봄나들이를 갈 수가 없을 것이다. 동요에 나오는 나리는 단지 노래 운율에 맞추기 위한, 개나리의 준말에 지나지 않는다. 입에 따다 무는 것은 나리가 아니고 개나리다.

나리

봄나들이 가는 병아리 떼는 노란 색깔이다. 이런 노란 병아리 떼가 아니더라도 봄은 노란 색깔로 시작된다.

매서운 혹한의 음력 섣달(납臘)에 피는 매화(매梅)라는 납매(*Chimonanthus praecox*)를 시작으로, 풍년화(*Hamamelis japonica*)와 영춘화(*Jasminum nudiflorum*), 그리고 생강나무(*Lindera obtusiloba*)와 산수유(*Cornus officinalis*)가 노란 꽃봉오리를 터트리면, 뒤이어 봄나들이의 개나리(*Forsythia koreana*)가 세상을 온통 노랗게 물들인다.

흔히 진달래(*Rhododendron mucronulatum*)와 함께 '봄의 전령사'로 알려진 개나리는 3월 하순부터 개화가 시작된다. 1999~2015년의 개화 모니터링에 따르면, 국립산림과학원이 위치한 서울 홍릉숲의 개나리는 3월 25일에, 진달래는 3월 26일에

납매

봄의 전령사, 개나리와 진달래

꽃잎을 연다.

개나리는 다른 나무에 비해 개화 시기가 일정하지 않고 다소 들쑥날쑥한 편이다. 진달래는 이미 꽃잎을 열어 봄을 맞고 있지만, 매서운 한파로 지난겨울이 아주 추웠다면 봄맞이 채비가 미처 덜된 개나리를 흔히 볼 수 있다. 온도 변화에 아주 민감해 추운 날이 지속되다가 갑자기 며칠 날씨가 풀리면, 계절을 가리지 않고 꽃이 피기도 한다. 이런 변덕스런 특성을 갖는 개나리는 남녘에서 북쪽으로 올라가면서, 우리의 산과 들을 온통 노랗게 물들이며 봄이 왔음을 온 세상에 알리는 꽃나무다.

봄을 환영한다는 영춘화(迎春花)

개나리의 속명(*Forsythia*)은 영국의 식물학자 '포사이스(Forsyth, 1737~1800)', 종명(*koreana*)은 '우리나라(Korea)가 원산'에서 유래한 것이다. 우리나라가 원산인 개나리는 대부분의 식물이 그렇듯이, 아쉽게도 우리나라 사람이 아니고 일본의 식물학자 나카이 다케노신(中井猛之進, 1882~1952)에 의해 세상에 모습을 드러냈다.

일제 강점기에 나카이(Nakai)는 조선 총독부의 막대한 자금과 무장 병력을 지원받아 식물채집 탐사대를 이끌었다. 그는 지리산에서 개나리를 채취해 명명자(命名者)로 학명(*Forsythia koreana* Nakai)에 이름을 올렸다. 동경대학 교수로 일본 국립과학박물관 관장을 지낸 나카이는 백두산에서 한라산까지 우리 산야에 자생하는 식물들을 샅샅이 조사했다. 그 결과 개나리를 비롯한 327종의 나무에 자기 이름을 올렸고, 22권에 이르는 방대한 분량의 『조선삼림식물편(朝鮮森

다카야마, 일본

구례 서시천

林植物篇)』을 편찬했다. 부끄럽게도 이 책이 아직까지 우리 식물분류학의 교본이 되어 있는 현실을 부인하기가 어렵다.

어쨌든 우리나라가 종명(種名)에 들어 있을 정도로, 세상의 여러 개나리들 중에서 우리 개나리는 대단히 특색 있고 좋은 나무다. 세상에서 으뜸으로 생각되는 우리 개나리가 황금물결을 이루는 장관은 다른 나라에서는 보기 어려운 우리 삼천리 금수강산만이 갖는 고유한 경관자원이다. 무궁화 삼천리 화려강산과 더불어 개나리 삼천리 금수강산이다.

2

개나리는 우리 주변에서 가장 흔하게 보는, 아물아물 아지랑이 피어오르는 봄을 대표하는 꽃나무다. 우리나라 전 지역에 자라며 지리적으로 일본과 중국에도 분포한다.

우리나라에 자라는 개나리속의 자생종(自生種)은 개나리(*Forsythia koreana*)를 비롯해, 산개나리(*Forsythia saxatilis*), 긴산개나리(*Forsythia saxatilis var. lanceolata*), 털산개나리(*Forsythia saxatilis var. pilosa*), 만리화(*Forsythia ovata*), 장수만리화(*Forsythia nakaii*)가 국가표준식물목록에 등재되어 있다.

개나리와 좀처럼 구별이 어려운 '산개나리'는 현재 천연기념물로 지정된 나무다. 개나리는 꽃의 대부분이 수술보다 암술이 짧은 '단주화(短柱花)'로 나타나고, 꽃과 잎의 크기가 조금 작은 산개나리는 단주화와 수술보다 암술이 긴 '장주화(長柱花)'가 같이 나타난다. 그런데 웬만한 마니아가 아니고는 이를 구별하기 위해 꽃 속을 들여다보지는 않을 것이다.

개나리속의 천연기념물로는 1997년 12월에 천연기념물 388호로 지정된 '임실 덕천리 산개나리 군락'이 유일하다. 이 천연기념물에 대한 문화재청의 설명은 다음과 같다.

"산개나리(*Forsythia saxatilis*)는 키가 작고 줄기가 분명하지 않다. 높이는 1~2m 정도이고, 어린 가지는 자줏빛이며 털이 없고 2년쯤 자라면 회갈색을 띤다. 잎은 2~6cm이고, 앞면은 녹색으로 털이 없으나 뒷면은 연한 녹색으로 잔털이 있다. 꽃은 연한 황색으로 3~4월에 잎보다 먼저 핀다.

이 산개나리 군락에는 약 230그루가 있다. 산개나리는 북한산, 관악산 및 수원 화산에서 주로 자랐는데, 현재는 찾아보기 어려울 정도로 극소수만 남아 있다. 이곳 임실군 관촌면 덕천리 지역이 남부에 속하는 지역임에도 불구하고, 우리나라 중북부 지방에 분포하는 산개나리가 자생하고 있는 것은, 이곳의 기후가 중부와 비슷하기 때문으로 보인다.

이 산개나리 군락은 우리나라에서 산개나리가 자랄 수 있는 남쪽 한계선으로 학술적 가치가 높다. 이에 멸종 위기에 있는 산개나리를 보호하기 위해 천연기념물로 지정해 보호하고 있다.

현재 산개나리 군락을 보호하기 위해 공개제한지역으로 지정되어 있다. 관리 및 학술 목적 등으로 출입하고자 할 때에는 문화재청장의 허가를 받아 출입할 수 있다."

산개나리
Forsythia saxatilis

산개나리
개나리는 왕벚나무보다 개화 시기는 빠르고 개화기간은 길다

'만리화(萬里花)'는 향기가 만(萬) 리(里)를 가는 꽃(花)이라는 뜻이고, '장수만리화(長壽萬里花)'는 장수산(長壽山)에 자라는 만리화라는 뜻이다. 향기가 거의 없는 개나리와 달리, 만 리를 갈 정도로 꽃향기가 매우 좋다는 것이다. 그런데 누가 이런 이름을 지었는지 과장이 너무 심하다. 만리화의 종명(ovata)은 '잎이 달걀 모양(ovate)'이고, 장수만리화(Forsythia nakaii)의 옛 종명(velutina)은 '비로드(velude)처럼 부드러운'의 뜻이다.

가지가 어느 정도 자라면 늘어져 아래로 처지는 개나리와 달리, 만리화와 장수만리화는 가지가 바로 서 곧추 자라고 아래로 처지지 않는다. 만리화 잎은 종명의 의미처럼 달걀 모양으로, 긴 타원형을 보이는 개나리에 비해 더 넓고 둥글다.

1930년 장수산에서 처음으로 발견된 장수만리화는 북한에서는 '장수산향수꽃나무'라는 이름으로, 1980년에 '국가자연보호연맹'에 의해 북한의 천연기념물 153호로 지정된 나무다. 멸악산맥의 장수산은 황해남도 재령군과 신원군을 가르는 해발 747m의 산으로, '황해(黃海)의 금강산(金剛山)'으로 불릴 정도로 기암절경을 자랑하는 산이다. 원래는 꿩이 많아 치악산(雉岳山)으로 불렸는데, 임진왜란 때 이곳으로 피난 온 사람들이 많이 살아남아, 지금의 장수산(長壽山)이 되었다고 한다.

장수산향수꽃나무는 장수산의 북쪽 비탈면 해발 100~500m에 분포한다. 메마른 곳에서는 높이 1m 정도로 자라고, 부식질(腐植質)이 많고 습기가 적당한 곳에서는 2~3m 정도로 자란다. 개화 시 만수산 기암괴석과 어우러지는 경관

장수만리화 ▰▰
Forsythia velutina

외로움에는 약한 편이니
너무 오랫동안 비워두지 마세요
내마음 사용설명서 中

개나리 '서울 골드' 잎
개나리 '서울 골드' 꽃
개나리 단풍

적 가치와 나무가 갖는 생물학적 가치가 높아, 자생지를 적극적으로 보존하고 분포지를 넓히기 위해 천연기념물로 지정했다고 한다.

이제껏 장수만리화는 북한의 장수산에서만 분포하는 것으로 알려져 왔다. 그러나 2006년 경기도 연천군에서도 20~30그루가 집단을 이루며 자라는 작은 군락지(群落地)를 발견했다. 장수만리화는 옛 종명(velutina)이 의미하는 것처럼, 새로 나온 가지의 밑(기부基部)이나 잎 뒷면과 잎자루(엽병葉柄)에 가늘고 짧은 융털(융모絨毛)이 빽빽하게 난다(밀생密生). '수목원(樹木園)' 개념으로 개장한 '서울로 7017'에서는, 개나리와 산개나리 그리고 장수만리화를 비교해서 볼 수 있다.

개나리속에 재배종(栽培種)은 서양개나리(Forsythia × intermedia), 서양개나리 '골드 리프'(Forsythia × intermedia 'Gold Leaf'), 구주개나리(Forsythia europaea), 당개나리(Forsythia suspensa), 의성개나리(Forsythia viridissima), 개나리 '서울 골드'(Forsythia koreana 'Seoul Gold') 등이 국가표준식물목록에 등재되어 있다. 학명에서 '×' 표시는 교잡종(交雜種)을 의미한다.

개나리의 꽃은 꽃부리(화관花冠, corolla)가 4갈래로 깊게 갈라지는 노란색의 통꽃이고, 녹색의 꽃받침(화탁花托, calyx)도 4개로 갈라진다. 4갈래의 노란 통꽃은 황금(金)으로 만든 종(鐘) 모양과 닮아, '금종화(金鐘花)'라는 한자명과 'Goldenbell Flower'라는 영명이 생겼다.

〈도전! 골든 벨〉이라는 TV 프로그램이 있다. 하필이면 왜 골든 벨일까? 그런데 우연의 일치일까? Goldenbell Flower 개나리의 꽃말은 '꿈과 희망'이다. 프로그램에서 골든 벨을 울리는 것은 바로 청소년의 꿈과 희망을 나타내는 것이다.

개나리는 가지가 보이지 않을 정도로 꽃이 많이 핀다. 개화기간도 상당히 긴 편으로, 잎이 나오기 전에 꽃이 피기 시작해 잎이 나오면 꽃이 지기 시작한다. 이런 특성으로 개나리는 우리들에게 꿈과 희망을 아주 오랫동안 간직하는 꽃나무로 알려져 있다.

자연에서 피는 꽃을 좀처럼 보기 어려운 서울에서, 활짝 핀 개나리를 한껏 즐길 수 있는 축제가 있다. 매년 4월 초에 열리는 '응봉산 개나리 축제'가 바로 그것이다. 응봉산이 온통 개나리꽃으로 노랗게 물들면, 어린이에게는 개나리 꽃말인 꿈과 희망, 어른에게는 낭만과 추억의 한마당 잔치가 펼쳐진다. 개나리 축제를 개최할 정도로 응봉산이 개나리로 뒤덮이게 된 데에는, 우리의 눈물 어린 서글픈 역사가 감춰져 있다.

한국전쟁으로 자유를 찾아 서울로 피난 온 사람들에게는 당

응봉산

낙산

초 고달픈 삶을 지탱할 집이 있을 리 없었다. 이런 경우 예나 지금이나 이들에게는 산자락 달동네가 생활하기에 좋은 터전이 된다. 응봉산 기슭에다 무허가 판잣집을 임의로 지었고, 세월이 흘러 도시정비 사업이 진행됨에 따라 애달픈 삶터는 철거되기에 이르렀다. 판잣집이 철거되면서 삶터의 흔적이 고스란히 드러난 피폐한 산자락에는, 지반(地盤)의 안정화를 도모하고 시선(視線)을 가리기 위한 차폐의 목적으로 개나리를 대규모로 심었다. 개나리는 언제 어디서나 잘 자라는 대단한 생명력을 가진 꽃나무이기 때문이다.

이런 눈물 어린 추억을 간직하고 있는 응봉산 개나리는 개나리 축제를 통해 어른에게는 낭만과 추억의 꽃으로, 어린이에게는 꿈과 희망의 꽃으로 새롭게 다가온다. 서울특별시를 상징하는 시화(市花)도 개나리다.

5

개나리는 뿌리 밑동에서 가지가 많이 나오고 옆으로 퍼져 포기를 이루는 나무다. 생육 환경이 좋으면 높이 3m까지 자란다. 처음에는 가지가 위로 곧게 자라다가 어느 정도 자라면 가지 끝이 휘어져 늘어지고 아래로 처진다. 아래로 처진 가지가 땅에 닿으면 그곳에 다시 뿌리를 내린다.

개나리는 토질을 가리지 않고 척박한 토양에서도 잘 자라는 아주 생명력이 강한 꽃나무다. 이런 특성이 있어 개나리는 다른 어떤 나무보다도 표토(表土) 유실을 방지하는 기능이 탁월한 나무다. 따라서 비탈을 이루는 경사지나 도로 절개지 녹화에 아주 좋은 나무가 개나리다. 이 나무를 평평한 평지보다 비탈의

식재 사례

남해 미국마을

경사지에 즐겨 심는 것은 바로 이런 까닭이다. 옹벽 위에 심으면 가지가 아래로 늘어지기 때문에, 옹벽의 콘크리트 수직면을 가리고 주변과 자연스럽게 조화되는 시각 효과를 얻을 수 있다.

또한, 개나리는 추위에 견디는 내한성(耐寒性)이 강해 전국 어디서나 식재가 가능하다. 그늘에 견디는 내음성(耐陰性)도 강해 항상 그늘이 지는 곳에 즐겨 심는 나무다. 토질을 가리지 않고 어디서나 잘 자라므로 조경수로서의 활용 가치가 대단히 크다. 요즘은 실내공간을 꾸미는 인기 있는 꽃꽂이 소재로도 널리 쓰이고 있다.

그러나 개나리 열매를 보는 것은 상당히 어렵다. 삽목(揷木, 꺾꽂이)이나 분주(分株, 포기나누기)로 증식(增殖)이 아주 잘 되기 때문에, 번식을 위해 굳이 열매를 맺을 필요가 없다. 거의 모두 인위적인 삽목이나 분주로 증식되므로, 나무 스스로 열매를 맺는 자연의 순리적인 기능을 잃게 된 것이다.

이처럼 보기 어려운 개나리 열매는 말려서 약재로 쓰는데, 한의학에서는 이를 '연교(連翹)'라 한다. 해열과 해독 작용이 있어 종기를 제거하거나, 특히 비염이나 인후염 등 이비인후과 질환의 치료에 특효라고 한다.

개나리는 생장력(生長力)과 맹아력(萌芽力)이 대단히 좋아, 가지치기나 전정(剪定)으로 손쉽게 원하는 형태를 만들 수 있다. 사방을 둥그렇게 지속적으로 전정해, 원형이나 타원형의 형상수(形象樹, topiary)로 만들기도 한다. 나무의 모습이나 생육의 특성으로 보아, 한 그루를 심는 단식(單植)보다는 여러 그루를 집단으로 심는 대규모 군식(群植)이 바람직한 나무다.

개나리는 군식해 불필요한 시선을 가리거나 영역을 표시하는, 차폐(遮蔽)나

경계(境界)의 산울타리(생울타리) 용도로 활용하는 경우가 대단히 많다. 자연스런 모습을 유지하는 산울타리(수벽樹壁, hedge)는 꽃이 많이 피고 개화 상태도 좋아, 꽃이 활짝 피면 좀처럼 표현하기 어려운 눈부신 장관을 연출한다. 그러나 정연한 모습을 항상 유지해야 하는 산울타리의 경우에는, 가지치기나 전정을 꽃눈(화아花芽)이 자라는 부적절한 시기에 실시하면 꽃이 많이 피지도 않고 개화 상태도 좋지 못하므로 관리에 유의해야 한다.

6

수목의 규격을 표기하는 경우, 거의 모든 관목들이 '수고(樹高) × 수관폭(樹冠幅)'의 형식을 취하는데, 개나리는 특별하게 '수고(樹高) × 가지(枝)의 개수(個數)'의 형식을 취한다.

예를 들면 개나리의 규격은 1.0 × 0.3, 1.2 × 0.5 등으로 표시하는 게 아니고, 1.0 × 3지, 1.2 × 5지 등으로 표시한다.

이는 개나리가 뿌리 밑동에서 가지가 많이 나와 포기를 이루고, 어느 정도 자라면 가지가 아래로 처지는 수형을 갖기 때문이다. 개나리는 가지가 많이 나오면 큰 포기를, 적게 나오면 작은 포기를 이루므로 수관폭(W, Width)을 결정하는 밑동에서 나오는 가지 수가 규격 표기에 더 중요하다. 그리고 대단히 빠르게 자라는 나무이기 때문에, 식재 당시의 나무 높이에 해당하는 수고(H, Height)도 가지 수에 비해서는 그다지 큰 의미를 갖지 못한다.

개나리는 봄이 왔음을 온 세상에 알리는 '봄의 전령사'로 알려져 있다. 무르익어 가는 봄을 온몸으로 표현하는, 삼천리 금수강산의 봄을 온통 눈부신 노랑으로 수놓는 우리 꽃나무다.

시인이자 수녀 이해인(1945~)은 「개나리」에서 봄을 맞는 개나리를 이렇게 묘사했다.

눈웃음 가득히 / 봄 햇살 담고
봄 이야기 / 봄 이야기 / 너무 하고 싶어
잎새도 달지 않고 / 달려 나온
네 잎의 별꽃 / 개나리꽃
주체할 수 없는 웃음을 / 길게도 / 늘어뜨렸구나
내가 가는 봄맞이 길 / 앞질러 가며
살아 피는 기쁨을 / 노래로 엮어 내는
샛노란 눈웃음 꽃

개
나
리

꽃잎이 통째로 댕강 떨어져도 꽃받침은 같이 떨어지지 않는다
꽃잎이 떨어진 뒤에도 남아 있는 꽃받침의 당찬 모습에서
오랫동안 제 모습을 뽐내고 기억하기를 바라는 이 나무의 마음을 읽을 수 있다

쿨하게 지는 꽃 꽃댕강나무

과명 Caprifoliaceae(인동과)
학명 *Abelia* × *grandiflora*

大花六道木, 大花六條木, Flowering Abelia, Glossy Abelia

1

'댕강나무(*Abelia mosanensis* T.Chung)'는 가지를 꺾으면 '댕강' 소리가 난다고 이런 이름이 붙은 나무다.

'댕강'은 소리를 나타내는 의성어(擬聲語)이면서, 가지나 꽃이 단번에 잘리거나 떨어지는 모습을 나타내는 의태어(擬態語)다. 그러나 이름과는 다르게, 실제로 가지를 꺾으면 이런 소리가 나지도 않고 잘 꺾이지도 않는다. 나팔 모양의 작은 꽃은 5갈래로 갈라지는 통꽃으로, 꽃이 질 때에는 통째로 댕강 떨어진다. 어쨌든 꽃이 떨어지는 모습이 아니라 가지를 꺾으면 난다는 소리 때문에, 댕강나무라는 이름이 유래된 것으로 알려져 있다.

댕강나무의 속명(*Abelia*)은 영국의 의사이자 식물학자 '아벨(Clark Abel, 1780~1826)'에서 유래한 것이다. 아벨은 중국 원산인 '중국댕강나무(*Abelia chinensis*)'

댕강나무

를 영국으로 처음 가져간 사람이다.

　　종명(*mosanensis*)은 '우리나라 맹산(孟山, Mosan)이 원산'이라는 뜻이다. 명명자
(T. Chung)는 우리 식물학의 개척자인 정태현(Tyaihyon Chung, 1882~1971) 박사다. 그는
1937년에 『조선식물향명집(朝鮮植物鄕名集)』을 펴냈다. 정 박사가 일제 강점기에
평안남도 맹산에서 이 나무를 처음으로 발견했기 때문에, 학명에 명명자로 이
름을 올린 것이다. 세계 공통의 이름인 학명에 우리나라 사람이 들어 있는 경
우는 그렇게 많지 않다. 종명(種名)에서 알 수 있는 바와 같이, 댕강나무는 맹산
(孟山)이 있는 우리나라 북부 지방에 주로 자라는 나무다.

2

댕강나무 이름 앞에 '꽃'이 붙은 '꽃댕강나무(*Abelia × grandiflora*)'는 '꽃이 특별한
댕강나무'다. 이름 앞에 '꽃'이라는 접두어가 붙으면, 대개 '꽃이 크거나 화려
하게 많이 핀다'는 뜻이다.

　　종명(*grandiflora*)은 'grand(큰)'와 'flora(꽃)'의 합성어다. 꽃댕강나무는 종명이
의미하는 큰 꽃보다는, 오랜 기간에 걸쳐 꽃이 화려하게 피는 댕강나무다. 그
래서 외부공간을 수식(修飾)하거나 관상(觀賞)의 목적으로 심는 나무는 댕강나무
가 아니고 대부분 꽃댕강나무다. 그런데 이름을 영어로 부르면 뭔가 있어 보이
는 모양이다. 조경수로 즐겨 심는 꽃댕강나무는 속명(屬名)인 '아벨리아'로 통용
되는 경우가 많다.

　　추운 북부 지방에 자라는 우리 자생종 댕강나무와 달리, 중부 이남에서 주

꽃댕강나무

로 조경수로 심는 꽃댕강나무는 1930년대에 일본에서 들어온 재배종으로 교잡종(交雜種)이다. 교잡종은 계통이나 품종, 성질 따위가 다른 것을 서로 교배해 새롭게 개발한 품종으로, 학명에는 '×'로 표기된다. 댕강나무는 낙엽(落葉)이고, 꽃댕강나무는 반상록(半常綠)이다. 꽃댕강나무는 댕강나무에 비해 꽃은 화려하고 좋지만, 향기는 아무래도 짙은 댕강나무에 미치지 못한다.

꽃댕강나무는 뿌리 밑동에서 줄기와 가지가 올라와 옆으로 퍼져 포기를 이루는 관목이다. 생육 환경이 좋으면 높이 2m까지 자라고, 새로 나오는 줄기나 가지는 붉은 색깔을 띤다. 달걀 모양의 난형(卵形, ovate) 잎은 끝이 뾰족하고, 가장자리에는 약간 들쑥날쑥한 결각(缺刻, incision)이 있다. 잎은 서로 마주나며(대생對生, opposite) 표면에는 광택이 있고, 반상록으로 겨울에도 모두 떨어지지 않는다.

병꽃나무

6월에 꽃망울을 터뜨리는 꽃댕강나무는 11월이 되어야 꽃잎을 모두 떨어뜨릴 정도로 개화 기간이 아주 길다. 꽃은 5갈래로 갈라지는 통꽃으로 작은 나팔처럼 생겼는데, 병 모양으로 꽃이 핀다는 '병꽃나무(*Weigela subsessilis*)'를 무척 닮았다. 꽃잎의 색깔은 흰색이 대부분이나, 간혹 연한 분홍색도 나타난다. 5갈래의 작은 통꽃은 그 속에 그윽한 향내를 감추고 있다.

꽃잎이 통째로 댕강 떨어져도 꽃받침은 같이 떨어지지 않는다. 아주 아쉽다는 듯 떨어진 꽃잎의 자리를 대신하고 있는 게 이 나무의 특징이다. 꽃잎이 떨어진 뒤에도 남아 있는 적갈색 꽃받침의 당찬 모습에서, 오랫동안 제 모습을 뽐내고 기억하기를 바라는 이 나무의 마음을 읽을 수 있다. 하늘을 향해 날개를 펼친, 프로펠러 모습의 열매도 대단히 이채롭다.

꽃댕강나무는 단아한 느낌의 정연한 수형, 윤기 흐르는 섬세한 잎, 조밀하게 달리는 앙증스런 꽃, 그윽하고도 은은한 꽃향기, 오랫동안 지속되는 긴 개화 기간, 꽃잎의 자리를 대신해 남아 있는 꽃받침 등 여러 매력적인 특성이 있어 조경수로 활용하기에 아주 좋은 나무다. 삽목에 의한 증식도 아주 잘 된다.

맹아력이 좋아 가지치기나 전정에 잘 견디고, 대기오염을 비롯한 각종 공해에도 강하다. 따라서 도심 건물의 진입로나 도로변의 산울타리용으로 아주 적당한 나무다. 흔히 쓰는 사철나무(Euonymus japonicus) 산울타리와는 전혀 다른 느낌이다.

개나리처럼 아래로 자연스럽게 늘어지는 여유로운 분위기를 연출할 수 있다. 그리고 정연하고 반듯한 상태를 항상 유지하기 위해 지속적인 전정으로 꽃을 보기가 상당히 어려운 산울타리의 경우에도 아름다운 꽃을 비교적 오랫동안 볼 수 있는 나무다.

이 나무는 토질을 가리지 않아 어디서나 활착이 잘 되는 편이

오이타

나고야
다카마쓰

오카야마

마루가메
사세보

테르모필레(Thermopyles), 그리스
쿤밍(Kunming), 중국

할슈타트(Hallstatt), 오스트리아

나가사키(Nagasaki), 일본
뉴욕식물원(New York Botanical Garden), 미국

진주
제주

시모노세키
모지

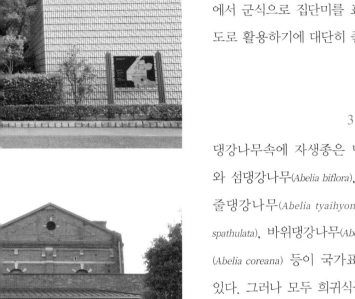

나, 대체로 토심(土深)이 깊고 비옥한 습윤지(濕潤地)에서 잘 자란다. 내음성은 다소 약해 햇볕이 잘 드는 양지바른 곳이라야 꽃이 많고 화려하게 핀다. 추위에 견디는 내한성은 아주 약해 우리 중부 이북에서는 월동이 어렵다. 꽃댕강나무는 따뜻한 남부 지방에서 군식으로 집단미를 표출하거나, 산울타리 용도로 활용하기에 대단히 좋은 나무다.

3

댕강나무속에 자생종은 댕강나무(*Abelia mosanensis*)와 섬댕강나무(*Abelia biflora*), 좀댕강나무(*Abelia serrata*), 줄댕강나무(*Abelia tyaihyonii*), 주걱댕강나무(*Abelia spathulata*), 바위댕강나무(*Abelia integrifolia*), 털댕강나무(*Abelia coreana*) 등이 국가표준식물목록에 등재되어 있다. 그러나 모두 희귀식물로 만나기가 대단히 어렵다.

　재배종은 꽃댕강나무를 비롯해, 꽃댕강나무 '선라이즈'(*Abelia* × *grandiflora* 'Sunrise'), 꽃댕강나무 '에드워드 가우처'(*Abelia* 'Edward Goucher'), 중국댕강나무(*Abelia chinensis*), 히말라야댕강나무(*Abelia triflora*), 슈만댕강

나고야

줄댕강나무(국립수목원 사진 제공)

나무(*Abelia schumannii*) 등이 등재되어 있다.

댕강나무속 나무들은 줄기가 세로 방향의 6개로 골이 지는 특성이 있어, '육도목(六道木)'이나 '육조목(六條木)'이라는 한자명이 생겼다. 종명이 '정태현 박사의 이름(Tyaihyon)'을 뜻하는 자생종 줄댕강나무(*Abelia tyaihyonii*)가 이런 특성이 뚜렷하게 나타나는 대표적인 나무로, 이름도 '줄댕강나무'가 된 것이다. 댕강나무는 골이 얕게 지는 편이고, 꽃댕강나무는 껍질이 아주 연하게 트는 정도로 골이 지는 것과는 거리가 멀다.

바라만 봐도 눈이 부신 꽃그늘에 들면 슬픔도 기쁨도 꿈속처럼 아득해지고

맑은 꽃향기로 영혼을 헹구고 나면 쓸쓸함마저도 황홀한 꽃송이로 피어나리니

달콤함보다는 화려함이 꽃사과나무

과명 **Rosaceae**(장미과)
학명 *Malus floribunda*

花海棠, Flowering Apple, Crab Apple

1

사과나무는 친근해도 꽃사과나무는 뭔가 생경스럽다는 느낌이다.

먹음직스런 사과가 영그는 '사과나무(*Malus pumila*)'는 '열매'를 먹기 위해 식용으로 개량한 나무다. 이에 반해 '꽃사과나무(*Malus floribunda*)'는 '꽃'을 즐기기 위해 관상용으로 개량한 나무다. 따라서 조경수로 심는 나무는 대부분 사과나무가 아니고 꽃사과나무다.

사과나무의 속명(*Malus*)은 '사과(apple)'를 뜻하는 그리스어 '말론(malon)'에서 유래한 것이다. 사과는 인류 역사에 최초로 등장하는 과일이다. 남자의 튀어나온 목젖을 흔히 '아담의 사과(Adam's Apple)'라고 한다. 태초에 아담이 금단의 열매인 사과를 몰래 먹다가, 하느님에게 들키자 급히 넘기다 목에 걸려 생긴 것이 목젖이라는 것이다.

사과나무

꽃사과나무

　사과나무의 종명(*pumila*)은 '키가 작은'의 뜻으로, 사과나무는 '사과를 쉽게 딸 수 있는 키(수고樹高) 작은 나무'다. 꽃사과나무의 종명(*floribunda*)은 '꽃이 많은'의 뜻으로, 꽃사과나무는 '꽃이 많고 화려하게 피는 사과나무'다.

　편지 형식으로 쓴『들꽃 편지』의 저자로 '꽃에게 말을 거는 남자'로 알려진, 시인 백승훈(1957~)은 「꽃사과 꽃」에서 꽃사과나무의 꽃을 이렇게 묘사했다.

　　그대 쓸쓸한 날엔

　　꽃사과 꽃그늘로 오세요

　　하늘은 맑고 햇살 고운 봄날 오후

　　연분홍 꽃봉오리 터지는 소리를 들어보세요

　　바라만 봐도 눈이 부신 꽃그늘에 들면

　　슬픔도 기쁨도 꿈속처럼 아득해지고

맑은 꽃향기로 영혼을 헹구고 나면
쓸쓸함마저도 황홀한 꽃송이로 피어나리니

사람 사는 세상의 모든 건 대개 공평한 법이다. 꽃이 좋은 나무는 열매가 그저 그렇고, 열매가 좋은 나무는 꽃이 시원찮다. 꽃과 열매 모두 좋은 나무를 찾는 건 거의 어렵다. 꽃이나 열매가 아주 좋은 나무는 대체로 수형이 나쁘거나 수명이 짧다.

꽃사과나무는 꽃이 화려하고 많이 피지만, 자잘하게 달리는 열매는 작아서 먹을 게 없고 맛이 없다. 꽃사과나무는 열매가 작아 '애기사과나무'라고도 한다.

꽃사과나무보다는 못하지만 사과나무도 꽃이 화려하고 많이 피는 나무다. 그러나 탐스럽게 큰 사과를 먹기 위해서는, 개화기에 꽃을 솎아 열매 맺음을 조절해야 한다. 꽃을 적절하게 솎아 내지 않으면 크고 탐스런 사과를 맛볼 수가 없다. 그리고 달콤한 향의 맛있는 사과를 먹기 위해서는 지속적으로 품종을 개량해야 한다. 열매가 정말 좋은 이런 사과를 사람만 좋아하는 게 아니다. 사과나무는 세상의 어떤 과일나무보다도, 병충해 방제를 비롯한 재배와 관리에 사람의 손길이 아주 많이 가는 나무다. 과일 농사 중에서 사과 농사가 제일 어렵다고 한다.

종로에는 사과나무를 심어 보자
그 길에서 꿈을 꾸며 걸어가리라
을지로에는 감나무를 심어 보자
감이 익을 무렵 사랑도 익어가리라

영주사과길

뉴턴의 사과나무

1980년대에 가수 이용(1957~)이 이렇게 노래했지만, 요즈음은 도심 속에서 사과 영그는 전원의 여유롭고 한가한 정취를 느끼기 위해 사과나무를 심기도 한다.

서울특별시의 도시공원으로 지정된 '서울숲'에는 2007년 경북 영주에서 기증한 사과나무로 조성한 '영주사과길'이 있다. 좀처럼 자연과의 교감이 어려운 서울 시민으로서는 사과나무를 직접 체험하고 즐기는 기회를 갖는 한편, 영주시로서는 자기 고장 사과의 우수함을 홍보하는 효과가 있다. 한편 이곳에서 수확한 사과를 양로원을 비롯한 소외계층에 전달함으로써, 소통과 나눔을 실천하는 이웃 사랑의 의미도 함께 갖는다.

사과는 예나 지금이나 사람들이 가장 좋아하고 가장 즐겨 먹는 과일이다. 예전에는 사과의 주 생산지가 경북 경산이었다. 그러나 지구 온난화로 기후가 변한 요즘 경산에서는 사과를 보기 힘들고, 북쪽의 영주나 봉화 등이 사과의 주 생산지로 바뀌었다. 사과를 생산하는 각 지자체에서는 자기 고장의 명품 사과를 홍보하기 위해, 사과를 모티브로 한 다양한 디자인을 경쟁적으로 활용하고 있다.

2

그리스 신화의 '트로이 전쟁'과 동화 '백설공주'에도 사과가 등장하지만, 역사적으로 세상을 바꾼 사과가 3개 있다. 에덴동산에 있었던 '아담(Adam)과 이브(Eve)의 사과', 만유인력의 법칙을 발견한 '뉴턴(Isaac Newton)의 사과', 세계적 일류기업 애플(Apple)사를 창업한 '잡스(Steve Jobs)의 사과'가 그것이다.

영국의 뉴턴(1642~1727)이 만유인력의 법칙을 만든 계기가 된 것은 바로 자기 집 뜰에 떨어지는 사과였다. 잡스(1955~2011)가 회사 이름과 로고를 사과로 정할 정도로, 이 뉴턴의 사과나무는 유명세를 탔고 후계목은 여러 나라에 전파되었다.

원래의 나무에서 처음으로 접목한 이후, 2차로 접목한 후계목은 1943년 미국으로 건너갔고, 1977년 미연방표준국에서 3차로 접목해 1978년에는 한미과학기술 우호의 상징으로 우리 한국표준과학연구원에도 기증되었다.

한국표준과학연구원에서는 2003년에 4차로 접목한 후계목을 국립중앙과학관, 과천국립과학관, 서울과학고, 전라남도과학교육원 등 11개 기관에 식재토록 해, 젊은 과학도들이 이 나무를 보면서 뉴턴의 실험정신을 되새기도록 했다.

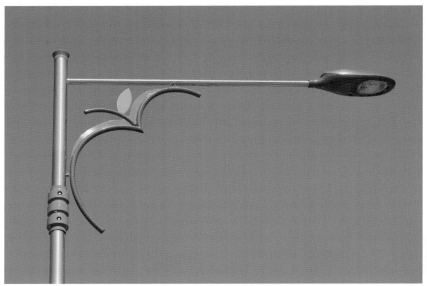

거창
장수

타카노, 일본
거창

청송
영주

59

조(棗), 율(栗), 이(梨), 시(柿)

제사상에 차리는 과일 순서를 나타내는 말이다. 대추는 '조(棗)', 밤은 '율(栗)', 배는 '이(梨)', 감은 '시(柿)'라는 독자적인 한자가 있지만 정작 사과는 없다. 서양과 달리 사과는 예전에 제사상에 오르지도 못하는 한층 격이 낮은 과일이었다. 애플사를 창업한 천재 잡스는 동양의 이런 사실을 몰랐음에 틀림없다.

사과나무의 열매에 해당하는 한자 '사과(沙果)'는 모래(沙/砂)땅에 잘 자라는 열매(果)라는 뜻이다. 충실한 사과를 맺기 위해서는 배수가 잘 되고 양분이 풍부한 사질토(砂質土, sandy)나 사질양토(砂質壤土, sandy loam)라야 한다.

"하루에 사과 한 개를 먹으면 평생토록 의사를 만날 일이 없다"는 서양 속담이 있다. 아삭하게 씹히는 식감은 물론 새콤하면서도 달콤한 맛이 일품인 사과가, 만병을 예방하는 몸에 아주 좋은 과일이라는 것이다.

예전에 즐겨 먹었던 능금은 '능금나무(*Malus asiatica*)'의 열매다. 종명(*asiatica*)은 '아시아(Asia)가 원산'이라는 뜻이다.

1998년 「능소화 감옥」으로 등단한 시인 이정자(1964~)는 「능금나무」에서, 시인으로 거듭나는 자신의 모습을 능금나무에 빗대 이렇게 나타냈다.

그 여름날의 폭풍이 없었다면
능금나무에 대해 난 알지 못했을 것이네
푸른 열매의 성숙을 몰랐을 것이네
단단히 내리는 뿌리의 기억을

난 알지 못했을 것이네

흘러간 것들은 아주 흘러가게 내버려 두고
폭풍 속을 통과하며 내게로 온 것들
그 여름날의 혼돈이 없었다면
고통 속을 함께 건너온 능금나무에 대해
난 아무 것도 쓰지 못했을 것이네

벽을 뛰어넘는 법도
넘어짐을 넘어서서
나를 사랑하는 법도

그런데 왜 사과나무가 아니고 능금나무가 등장하는 것일까?

능금나무는 아주 오래전부터 우리가 재배해 왔던 토종 사과나무로, 최근에 재배된 사과나무에 비해 열매가 작지만 환경 조건에 강한 나무다. '폭풍', '혼돈', '고통'이란 시어(詩語)에는 사과나무보다는 토종 능금나무가 한층 어울리는 나무가 아닐까? 그런데 입맛과 취향이 변한 요즘은 시큼하고 맛깔스러운 능금을 맛보기가 매우 어렵다.

우리 자생종 '아그배나무(Malus toringo)'는 '아기배나무'에서 이름이 유래된 나무다. 아기배나무가 발음이 변해 지금의 아그배나무로 되었다. 아기배나무는 열매가 배(梨)를 닮았는데 크기가 작아서, 배나무(Pyrus pyrifolia var. culta) 이름 앞에다 '아기'를 붙인 것이다. 배나무 꽃도 무척 아름답다. 배나무(梨) 꽃(花) 이름의 대학교가 '이화여자대학교(梨花女子大

아기배

꽃사과나무

아그배나무

돌배나무

배나무 꽃을 나타낸 이화여자대학교

^{學校)}'다.

배나무와 아그배나무는 모두 장미과에 속하지만, 학명에서 알 수 있듯이 배나무는 배나무속(Genus *Pyrus*)이고, 아그배나무는 사과나무속(Genus *Malus*)으로 서로 다르다. 아그배나무의 열매는 실제 사과나무속의 사과(apple)에 해당하지만, 이름이 '아기처럼 작은 배'를 뜻하는 '아그배'로 지어졌기 때문에, 거의 모든 사람들이 사과가 아니고 배(pear)로 착각하고 있다.

국가가 나무 이름을 표준으로 정한 국명이 이렇게 정해져 있으니, 그렇지 않아도 국명과 일반명, 향명 등의 여러 이름으로 헷갈리는 나무 이름이 혼란하

사과나무 '둘키심'

서부해당

지 않을 수 없다. 뚜렷한 기준이 되어야 할 국명이 정작 혼란을 부추기고 있는 셈이다. 따라서 "아그배나무는 배나무 종류가 아니라 사과나무 종류다"라는 사실을 항상 유념해야 한다.

3

사과나무와 꽃사과나무의 경우와 같이, 아그배나무와 연관해 조경공사 현장에서 '꽃아그배나무'라 부르는 나무가 있다. 조경수로 아주 많이 심는 이 나무도 아그배나무처럼 사과나무속의 나무다. 그런데 국가표준식물목록을 검색하면 꽃아그배나무라는 이름을 갖는 나무는 없다. 꽃아그배나무는 국명이 아니고 일반적으로 두루 쓰이는 일반명이다.

　'꽃이 많고 화려하게 피는 아그배나무'라는 꽃아그배나무의 국명은 사과나무 '둘키심'(*Malus pumila* 'Dulcissim')이다. 사과나무 '둘키심'. 그런데 국명이 너무 길고 부르기도 어렵다. '둘키심(Dulcissim)'의 뜻과 유래를 알 수도 없다. 그래서 사람들은 사과나무 '둘키심'이라는 국명보다는, 훨씬 부르기 쉬운 꽃아그배나무라는 일반명으로 부르고 있다.

　한편 사과나무 '둘키심'(일반명 꽃아그배나무)을 '서부해당'으로 부르는 경우가 대단히 많다. 그런데 국가표준식물목록에는 국명이 '서부해당(*Malus halliana*)'으로, 이름이 똑같은 나무가 있어 상당히 혼란스럽다. 그래서 '국명 서부해당'과 '일반명 서부해당'을 정확하게 구별해야 한다.

'서부해당(西部海棠)'은 '서부(西部)'에 있는 양귀비(楊貴妃, 719~756) 목욕탕 '해당탕(海棠湯)'과 연관된 이름이다.

서부는 중국 서쪽 지방의 '서안(西安, Xian)'을 가리킨다. 현재 섬서성(陝西省)의 성도(省都)인 서안은 동서양의 교역로 '실크로드'의 출발점이자, 카이로·아테네·로마와 함께 '세계 4대 고도(古都)'로 일컬어지는 유서 깊은 역사 도시다. 당나라 때에는 오랫동안(長) 편안한(安)의 '장안(長安)'으로 불렸는데, 북경(北京)으로 수도가 옮겨지면서 서쪽(西) 지방의 편안한(安)이라는 지금의 '서안(西安)'이 되었다. 서부(西部)는 한자를 서부(西府)로 쓰기도 한다.

'일반명 서부해당'과 '국명 서부해당'의 구별은 상당히 어렵다.

일반명 서부해당(*Malus pumila* 'Dulcissim')의 국명은 사과나무 '둘키심'이다. 그러나 사과나무 '둘키심'이라는 국명보다는 주로 서부해당이나 꽃아그배나무라는 일반명으로 통용되는데, 대부분 교목(喬木, tree)으로 자라는 나무다.

국명 서부해당(*Malus halliana*)은 사과나무 '둘키심'에 비해, 꽃자루가 아주 길고 아래로 처지는 특성이 있다. 중국에서는 아래로 처지는 가늘고 긴 꽃자루를 늘어지는 실에 비유해 '수사해당(垂絲海棠)'이라고 한다. 그래서 종종 수사해당이라는 일반명으로 통용되는데, 대부분 관목(灌木, shrub)이나 소교목으로 자라는 나무다.

한 여자 때문에 나라를 망친 경우가 많지만, 경국지색(傾國之色) 양귀비는 그 중에서도 가장 잘 알려진 여자다. 절세가인 양귀비와 현종(玄宗, 685~762)의 로맨스로 유명한 서안의 화청지(華淸池)에는 '해당탕(海棠湯)'이라는 양귀비 목욕탕이 있다.

"욕조의 생김새가 해당꽃과 흡사하다"고 해당탕이라 했는데, 탕의 이름인 '해당(海棠)'은 해당화(Rosa rugosa)가 아니고 서부해당(Malus halliana)을 가리키는 것이다. 원래 서부해당(西部海棠)이 '해당화(海棠花)를 닮은 꽃이 피는 서부(西部)의 나무'라는 뜻이므로, "해당탕의 해당은 해당화가 아니고 서부해당이다"라고 주장하는 것은 별다른 의미가 없을 지도 모른다.

해당탕 옆 건물은 현종의 목욕탕이다. 아담하고 조밀한 해당탕과 달리, 웅장하고 정제된 느낌의 욕조는 '연꽃(Nelumbo nucifera)'을 닮아 '연화탕(蓮華湯)'이라는 이름을 갖는다.

양귀비는 원래 현종의 18번째 아들인 수왕(壽王)의 비(妃)로, 촌수로 따지면 현종의 며느리에 해당하는 여자다. 무서울 것이 하나도 없는 천하의 황제였지만, 아들의 비를 자기의 비로 맞는 데에는 세상 사람들의 이목이 두려웠다. 며느리를 자기 아내로 삼는 격이다. 허나 궁하면 억지로도 통하는 것이 사람 사는 요지경 세상이다.

내심 천하를 호령코자 했던 요녀(妖女) 양귀비는 수왕의 집을 나와 도교를 포교하는 여도사(女道士)가 된다. 요즘으로 치면 출가해 머리를 깎지 않은 채 가짜 비구니가 된 셈이다. 전도를 핑계로 세상 사람들의 눈을 피해 현종과 밀애

경남 산림환경연구원

해당탕

를 즐겼다.

56세 시아버지와 22세 며느리가 사랑을 불태운 것은 동서고금을 막론하고 이런 불륜의 막장 드라마가 따로 없다. 그러다 양귀비가 27세가 되던 해에 정식으로 현종의 귀한 비 '귀비(貴妃)'가 되었다. 사람들은 대부분 양귀비의 이름을 귀비로 알고 있다. 양귀비의 이름은 얼굴이 구슬처럼 동그랗게 생겼다는 '옥환(玉環)'이다. 꽃다운 나이를 훨씬 지나 서열 1위에 해당하는 귀비가 된 것을 보면, 그녀의 아름다움을 짐작하고도 남는다.

양귀비의 미모를 흔히 '수화(羞花)'로 표현한다. 이는 "양귀비가 너무나 예뻐 주위의 꽃(花)들이 수치심(羞)을 느낀다"는 것이다. 양귀비라는 이름의 꽃(Papaver spp.)이 있는 것도, 양귀비의 아름다움을 단적으로 나타내는 것이다.

어느 화창한 봄날 현종이 나들이를 가고자 양귀비를 불렀다. 당시 양귀비는 술에 취해 자고 있었는데, 시녀들의 부축을 받아 가까스로 현종 앞에 모습을 드러냈다. 현종의 눈에는 취기가 채 가시지 않은 양귀비의 자태가 더없이 아름다웠다.

해당수미족(海棠睡未足)

현종은 "귀비가 잠에서 덜 깬 것이 아니고, 해당꽃이 잠에서 덜 깬 것이다"
라고 했다. 양귀비에 빗댄 해당(海棠)은 서부해당(*Malus halliana*)을 지칭하는 것이다.

4

사과나무속 나무들은 나무 이름이나 수종(樹種)을 구분하는 분류학적 기준이
아직도 모호한 실정이다. 밤(야夜)에 빛(광光)이 날 정도로 꽃이 희고 화려하다는
'야광나무(*Malus baccata*)'가 이 속(屬)을 대표하는 우리 자생종이다.

사과나무속에 자생종은 야광나무를 비롯해 좀야광나무(*Malus baccata* f. *minor*),
민야광나무(*Malus baccata* f. *jackii*), 털야광나무(*Malus baccata* var. *manshurica*), 아그배나
무(*Malus toringo*), 개아그배나무(*Malus micromalus*) 등이 국가표준식물목록에 등재되
어 있다. 그런데 학명으로 분류는 했으나 국가표준식물명을 정하지 못해, 국
제식물명명규약에 따라 종(種)으로 인정받지 못한 자생종이 약 50여 종류가
있다.

재배종은 사과나무(*Malus pumila*)와 꽃사과나무(*Malus floribunda*)를 비롯해, 능금
나무(*Malus asiatica*), 사과나무 '둘키심'(*Malus pumila* 'Dulcissim'), 서부해당(*Malus halliana*),
개량사과나무 '메이폴'(*Malus domestica* 'Maypole'), 운남꽃사과나무(*Malus yunnanensis*),
벗잎꽃사과나무(*Malus × prunifolia*) 등이 등재되어 있다.

사과나무와 달리 조경수로 활용되는 꽃사과나무, 사과나무 '둘키심', 서부
해당은 아주 비슷하게 생겨 서로 구별하기가 상당히 어렵다. 이 나무들은 주

로 열매로 구별하는데, 꽃사과나무라 생각하고 여러 그루를 모아 심는 경우,
나중에 열매를 맺으면 모두 같은 수종이 아니라는 것을 알게 되는 사례는 아
주 흔하다. 당초 의도했던 꽃사과나무가 아니라 여러 수종이 섞여 심겼기 때문
이다.

　　대개 꽃사과나무의 열매가 사과나무 '둘키심'보다 크고, 콩알 정도의 크기

로 달리는 서부해당이 제일 작다. 꽃사과나무나 사과나무 '둘키심'과는 달리, 아래로 처지는 서부해당 열매의 밑 부분은 돌출되지 않고 상대적으로 깔끔한 배꼽 모양이다. 그러나 이런 모호한 특성으로 이 나무들을 구별하기 어려운 경우가 대부분이다. 여기에다 아그배나무나 야광나무 그리고 이들 사이의 교잡종이 등장하면 사실상 구별이 어렵다. '국광(國光)'이나 '홍옥(紅玉)', '후지(富士)' 등과 같이 우리가 즐겨 먹는 사과의 종류도 많지만, 열매 모양이나 맛, 그리고 식감으로 사과를 구분하는 것은 이보다는 훨씬 쉬운 편이다.

　서로 비슷하게 생긴 사과나무속 나무들은 서로 구별하기가 어려울 뿐 아니라 이 나무들의 정확한 국명을 모르는 경우도 많다. 사람들은 대부분 나무 이름을 국명이 아니고 일반명이나 향명, 별명으로 부르고 있다. 사람에 따라 같은 나무를 다른 이름으로 부르기도 한다. 관련 서적에는 국명이나 일반명 그리고 향명이 서로 다르게 기술되어 있다. 국제식물명명규약에 따른 학명과의 관계는 생각하기가 어렵다.

5

외부공간을 풍요롭고 아름답게 수식하는 조경공사의 특성상, 아무래도 꽃이 화려하고 특색 있는 꽃나무를 많이 심을 수밖에 없다. 이런 관점에서 보면 사과나무속 나무들은 꽃이 대단히 화려하고 아름답기 때문에, 지금은 물론 앞으로도 유망한 조경수로 널리 활용될 것이다.

　그러나 조경공사 현장에서는 이 사과나무속 나무들에 대해, 명확한 구분이

사과나무 '둘키심'   Malus spp.

없이 모두 통칭해서 꽃사과나무나 꽃아그배나무로 대충 부르고 있다. 여기에다 아그배나무나 야광나무, 해당꽃나무, 서부해당, 수사해당 등과 같은 나무 이름이 함께 등장해 아주 혼란스러운 실정이다.

식재공간에 심는 나무에 대한 정확한 이름과 정보는 기본이 되어야 한다. 그래서 국가가 나무 이름을 표준으로 정한 국명은 대단히 중요하다. 우선 비슷하게 생긴 나무들을 명확하게 구분하고, 나무 이름은 정확한 국명을 사용해 혼란을 방지해야 한다. 설계 도면이나 시공 현장에 적용하는 것은 그 이후의 일이다.

진달래속(Genus *Rhododendron*), 벚나무속(Genus *Prunus*)과 함께 이 사과나무속(Genus *Malus*)의 분류가 가장 어렵다는 생각이다.

무더운 여름을 지나 선선한 가을로 접어들면

열매가 빨갛게 익어 대단한 매력을 발휘한다

초록의 잎이 붉게 물들기 전에 열매는 이미 빨갛게 익는다

고향이 남쪽이랬지 남천

과명   Berberidaceae^(매자나무과)
학명   *Nandina domestica*

南天, 南天竹, 南天燭, Sacred Bamboo, Heavenly Bamboo

1

날렵한 가지와 가지런한 잎, 특히 빨간 열매가 인상적인 '남천(*Nandina domestica*)'
은 산뜻하고 깔끔한 느낌을 갖는 반상록(半常綠)의 관목이다.

중국 남부의 '남천(南天)'이 원산지로, 그대로 나무 이름이 되었다는데 확인
하기는 어렵다. 남천이 특정 지역의 지명(地名)이라기보다는, 남쪽 지방을 아우
르는 이름인 남쪽(南) 하늘(天)로 추측된다.

그곳 사람들은 아주 오래전부터 대나무와 비슷하게 생긴 이 나무를
신성하고 영험 있는 대나무로 여겼다. 가지 뻗음과 잎 모양이 대나무(竹)
와 비슷해 '남천죽(南天竹)', 빨간 열매 달린 모양이 촛불(燭)과 비슷해 '남천
촉(南天燭)'으로 불렀다. 이 나무의 중국명은 '南天竹'이다. 영명은 대나무
와 연관해 'Sacred Bamboo' 또는 'Heavenly Bamboo'가 된다.

석림(石林), 중국

남천은 원래 우리나라에 자라는 나무가 아니다. 중국 남부가 원산으로 일본을 거쳐 들어온 재배종으로, 일본과 연관이 아주 깊은 나무다.

속명(Nandina)은 남천(南天)의 일본 발음 '난덴(なんてん, nanden)'에서 유래한 것이다. 어려움(難)이 변해(轉) 복이 된다는 '난전(難轉)'과는 발음(なんてん)이 같다. 이런 까닭으로 이 나무는 난전 즉, 전화위복(轉禍爲福)의 상징적 의미를 갖는다. 이와 함께 전화위복과 서로 통하는, 귀신을 쫓아 액막이를 하는 벽사(辟邪)나 축귀(逐鬼)의 의미도 갖는다. 이와 연관된 이야기나 풍습이 많이 알려져 왔다.

예전에는 악몽에 짓눌려 잠을 깨 남천에 대고 꿈 이야기를 하면, 꿈에 나타났던 귀신이 없어지는 것으로 생각했다. 아예 악몽을 꾸지 않도록 머리맡 거울에 남천 잎을 끼워 놓기도 했다. 거울에 비친 남천을 보고 귀신이 놀라 도망을 간다는 것이다. 시집가는 색시의 가마 바닥에 남천 잎을 깔았고, 임산부의 순산을 위해 산실 바닥에도 남천 잎을 깔았다. 대문 앞이나 현관 입구에 남천을 심으면, 도둑이나 화마(火魔)를 방지하고 집 안으로 복이 들어온다고 믿었다.

우리나라 특히 일본에서는 새해 첫날이나 명절 때, 보시(布施)의 의미로 대문이나 현관에 음식을 내놓는 풍습이 있다. 대개 바닥에다 깔거나 음식 위에 남천 잎을 얹는데, 잎을 뒤집어 놓으면 "집 안에는 들어오지 마라"는 뜻이다.

부정을 없애고 독소를 제거하는 소독(消毒)과 정화(淨化)의 효용이 있다고도 생각했다. 그래서 찬합에다 음식을 담아 남에게 줄 때에는, 남천 잎을 깔거나 얹는 풍습이 생겼다. 일식집 생선회 접시에 놓인 남천 잎은 단지 횟감을 돋보이게 하는 장식만은 아니다.

남천으로 만든 젓가락을 사용하면 건강하게 오래 살고, 남천 잎을 넣고 지은 밥을 먹으면 흰 머리가 검어진다고 믿었다. 불로초를 찾아 온 천하를 주유했다는 중국의 진시황(秦始皇, BC 259~210)은 남천 젓가락을 즐겨 사용했다고 한다.

꽃말은 '지속적인 사랑'이다. 그런데 바람을 피우지 않는 것도 지속적인 사랑에 해당하는 것일까? 일본에서는 남천을 집에 심으면, 꽃말처럼 남편이 바람을 피우지 않는다고 믿었다. 그런데 나라마다 사람 사는 모습이나 생각은 많이 다른 모양이다. 일본과 달리 중국에서는 부인의 질투가 심해진다고 생각해, 집에 남천 심기를 꺼렸다고 한다.

중국 남부가 원산인 남천은 아주 오래전에 일본에 들어갔다. 우리는 일본에서 개량한 남천을 들여와 처음에는 벽사나 정화의 목적으로 심었으나, 요즘은 주로 관상의 목적으로 심고 있다.

남천은 날렵하게 뻗는 가지와 가지런하게 달리는 잎을 자랑하는, 아담한 크기에다 산뜻하고 깔끔한 느낌을 주는 나무다. 6월에 흰색의 원추화서(圓錐花序)로 자잘하게 피는 꽃도 좋다. 이 나무는 무더운 여름을 지나 선선한 가을로 접어들면, 열매가 빨갛게 익어 대단한 매력을 발휘한다. 초록의 잎이 붉게 물들기 전에 열매는 이미 빨갛게 익는다. 초록 잎과 빨간 열매, 그리고 시간이 지나면서 붉게 물드는 잎과 빨간 열매가 함께 연출하는 인상적인 색채 효과는, 가을을 지나 겨우내, 그리고 이른 봄까지 지속된다.

단풍이 들면 잎을 떨구는 대부분의 나무와 달리, 남천은 시간이 지나도 단풍 든 잎이 좀처럼 떨어지지 않는다. 잎이 그대로 달려 있으면서 색깔만 붉게

변하는 것이다. 이는 추워지면서 잎은 떨어지지 않은 채, 잎 속에 있는 당류(糖類)의 함량이 높아지기 때문이다. 붉게 물드는 단풍과 빨갛게 익는 열매는 대단한 매력의 시각 요소로, 지나가던 사람들의 발길을 잠시 멈추게 한다. 게다가 붉게 물든 잎에는 윤기가 흘러, 흰색 벽이나 담장을 배경으로 이 나무를 식재하면 더욱 돋보이는 시각 효과를 얻을 수 있다. 특히 하얀 눈이 내리면 그 아름다움을 좀처럼 표현하기 어렵다.

3

남천에 대한 느낌은 전통 마을의 고풍스러운 이미지보다는 현대 도시의 세련된 이미지에 한층 가깝다. 그러나 이런 느낌이나 이미지와는 달리 이 나무를 심으면, 현대적인 분위기는 물론이고 전통적인 분위기 어디서나 시각적으로

식재 사례

잘 어울린다. 정원을 비롯해 공원·학교·공장·유원지·도로변 등 어디서나 잘 어울리는 나무다. 나무가 갖는 시각적 특성과 상징적 의미를 고려해 주택정원에서는 대개 대문 앞이나 현관 입구에 심는다.

한 그루가 나타내는 독립된 개체미도 좋지만, 여러 그루가 이루는 집단미가 특히 좋다. 요즘은 대규모 면적으로 심어 대단위 남천 집단이 이루는 식재 효과를 연출하는 경우가 많다. 그리고 불필요한 시선을 가리거나 영역을 표시하는 차폐나 경계의 산울타리 용도로 활용하기에도 아주 좋다.

도심지 가로수 밑에 띠 모양으로 줄지어 군식을 하면, 차도와 인도를 구분하는 경계의 역할과 함께 바닥면 미세먼지를 감소시키는 역할을 훌륭히 수행한다. 폭이 좁은 도로 중앙분리대에 식재해도 아주 좋다. 이런 경우 흔히 심는 쥐똥나무(*Ligustrum obtusifolium*)와는 전혀 다른 차별화된 시각효과를 연출할 수 있다.

그늘에 견디는 내음성이 강하므로 고층 건물로 항상 그늘이 지는 곳에 즐겨 심는 나무다. 잔뿌리가 많이 돋아나므로 이식이 잘 되고, 대기오염

중앙분리대 식재

을 비롯한 각종 공해에도 강하다. 내한성은 다소 약해 예전에는 중부 이북에서는 심기를 꺼렸으나, 지구 온난화에 따라 요즘은 추위에 적응한 나무를 식재해, 서울을 비롯한 전국 어디서나 이 나무를 볼 수 있다. 그러나 추운 지방에 식재하는 경우에는 바람막이를 설치하는 등, 간헐적으로 발생하는 게릴라 한파에 대한 대책은 반드시 있어야 한다.

요즘은 외부공간은 물론 내부 공간에서도 화분이나 컨테이너(container) 등으로 다양하게 활용하고 있다. 관엽식물(觀葉植物)과 함께 아파트 베란다를 비롯한 실내공간을 쾌적하고 아름답게 꾸미기에 아주 좋은 조경 소재다.

최근의 연구 결과에 의하면, 남천은 새집증후군을 일으키는 주요 유해 물질인 포름알데히드(HCHO)를 제거하는 데 아주 유용한 식물로 밝혀졌다. 따라서 건강과 휴식을 우선하는 웰빙과 힐링의 시대에 유망한 실내조경 소재로 널리 활용될 것이다. 나무가 지닌 매력적인 여러 시각적 특성으로 인해, 꽃꽂이 소재로도 즐겨 쓰이고 있다.

남천의 변종(變種)인 '황실남천(*Nandina domestica* var. *leucocarpa*)'은 '황실(黃實)' 즉 '노란 열매'를 맺는 남천이다.

그런데 연한 노랑은 하양과 서로 통하는 것일까? 황실남천의 종소명(*leucocarpa*)은 '흰 열매'라는 뜻이다. 노랗게 맺는 열매와 더불어, 겨울철에도 잎은 녹색을 유지한 채 붉게 단풍이 들지 않는 특성이 남천과 구별된다. 날씨가 점차 추워지면서 초록의 잎에 노란색이 약간 감돌게 되는 작은 변화는 생긴다. 남천은 붉게 단풍이 들고 빨간 열매를 맺는 반면, 황실남천은 단풍이 거의 들지 않고 노란 열매를 맺는다.

수형이나 나무가 갖는 전반적인 관상 가치는 남천에 미치지 못한다. 그러나 노란 열매라는 '희소성의 효과'가 작동하면 이야기는 달라진다. 남천과 황실남천은 조경수로서의 활용 가치가 아주 크기 때문에, 빨간 열매의 남천과 더불어 노란 열매를 맺는 황실남천을 식재하면 다양한 시각 환경을 연출할 수 있다.

증식은 남천처럼 실생(實生), 삽목(揷木), 접목(接木), 분주(分株) 등 모두 잘 된다. 그러나 어미나무(모수母樹)와 같은 색깔의 노란 열매를 얻기 위해서는 반드시 삽목을 해야 한다. 남천속에는 남천과 황실남천 그리고 남천 '움푸쿠아 치프'(*Nandina domestica* 'Umpqua Chief')가 국가표준식물목록에 등재되어 있다.

황실남천

남천 이름 앞에 '뿔'이 붙은 '뿔남천(*Mahonia aquifolium*)'은 최근에 일본에서 들어온 상록(常綠)의 나무다. 남천과 같은 매자나무과에 속하지만, 반상록의 남천은 남천속(Genus *Nandina*)이고, 상록의 뿔남천은 뿔남천속(Genus *Mahonia*)으로 서로 다르다.

지리적으로 중국 남부와 대만 그리고 일본 규슈(九州)에 분포하며, 따뜻한 지방에 자라는 늘 푸른 나무다. 남천을 대나무에 빗대어 '남천죽(南天竹)'이라 하는데, 뿔남천을 대만이 원산인 남천으로 생각해 '대만남천죽(臺灣南天竹)'이라고 한다.

종명(*aquifolium*)은 'aquilegia(독수리 발톱)'와 'folium(잎)'의 합성어로, '독수리 발톱 모양의 잎'이라는 뜻이다. 두꺼운 혁질(革質)로 이루어진 잎에는 반질거리는 광택이 있고, 가장자리에는 독수리 발톱에 해당하는 아주 거친 톱니(거치鋸齒, sawtooth)가 발달한다. 거친 톱니와 윤기 있는 광택의 두꺼운 잎이 이 나무의 특징이다. 종명에도 나타난 거친 톱니로 인해 국명은 '뿔남천'으로 이름이 지어졌다. 한자명은 '구골남천(枸骨南天)'이다.

자연스런 수형에다 거친 질감을 드러내는 이 나무는 남천처럼 어디서나 시각적으로 잘 어울린다. 12월부터 이듬해 4월까지 아주 짙은 노란 꽃봉오리를 지속적으로 터트려 개화 기간이 상당히 긴 편이다. 가지 끝에 늘어지는 긴 꽃

뿔남천

도쿄

후쿠오카

대에 달린 여러 꽃들이 밑에서부터 차례로 피는 '총상화서(總狀花序)'로, 화려한 진노랑 색깔은 지나가던 사람들의 눈길을 끈다. 작은 포도송이를 연상케 하는 열매와 거치가 발달한 독특한 모양의 잎도, 다른 나무에서는 보기 어려운 대단히 인상적인 시각 요소이다. 상록의 나무지만 겨울철 일부 붉게 물드는 단풍도 매우 아름답다.

석림(石林), 중국

추위에 견디는 내한성은 아주 약하다. 추위에 이미 적응한 남천과 달리, 우리 중부 지방에서는 월동이 불가능하다. 지구 온난화에 따라 기온이 점차 높아지면, 따뜻한 남부 지방의 조경수로 활용하기에 매우 유망한 나무다.

뿔남천속에는 뿔남천을 비롯해, 뿔남천 '아폴로'(*Mahonia aquifolium* 'Apollo'), 베알리뿔남천(*Mahonia bealei*), 네팔뿔남천(*Mahonia napaulenensis*), 중국뿔남천(*Mahonia lomariifolia*), 중국남천(*Mahonia fortunei*), 세잎뿔남천(*Mahonia trifolia*) 캘리포니아뿔남천(*Mahonia pinnata*), 메디아뿔남천 '윈터 선'(*Mahonia × media* 'Winter Sun'), 와그너뿔남천 '피너클'(*Mahonia × wagneri* 'Pinnacle') 등이 국가표준식물목록에 등재되어 있다.

노각나무는 꽃이 비교적 귀한 여름철 청아한 느낌의 흰색 꽃으로 온 골짜기를 수놓는다

주변에 한 그루만 있어도 자기의 존재감을 유감없이 드러낸다

하얀 꽃의 해맑은 존재감 노각나무

과명   Theaceae(차나무과)
학명   *Stewartia pseudocamellia*

비단나무, 여름동백, 錦繡木, Korean Stewartia, Mountain Camellia

1

'노각나무(*Stewartia pseudocamellia*)'는 독특한 나무껍질(수피樹皮)로 눈길을 끄는 나무다.

이 나무의 수피는 다른 나무에서는 좀처럼 보기 어려운 독특한 관상 가치를 가지고 있다. 매끄럽게 보이는 줄기(수간樹幹)는 연한 갈색 바탕 위에 껍질이 벗겨지면서, 하얗게 얼룩이 지고 알록달록한 아름다운 문양이 나타난다.

이렇게 벗겨지는 나무껍질이 마치 사슴(鹿)의 뿔(角)을 닮아 '녹각(鹿角)나무'라 했다가, 세월이 흘러 지금의 '노각나무'가 되었다. 껍질이 벗겨지면서 드러난 줄기는 비단처럼 매끄럽게 보이므로, '비단나무'라는 별명도 생겼다. 이런 비단나무를 한자로 나타내면 '금수목(錦繡木)'이 된다. 열매가 향기롭고 탐스런 모과나무(*Chaenomeles sinensis*)나 화려한 꽃이 오랫동안 지속되는 배롱나무(*Lagerstroemia*

노각나무

동백나무

indica)도 이런 특성의 수피를 갖는 나무다.

노각나무의 속명(*Stewartia*)은 영국의 식물학자 '스튜어트(Stuart, 1713~1792)'에서 유래한 것이다. 종명(*pseudocamellia*)은 'pseudo(비슷한)'과 'camellia(동백나무)'의 합성어로, '동백나무와 비슷한'의 뜻이다. 동백나무와 같은 차나무과에 속하는 노각나무는 종명이 의미하는 바와 같이, 나무의 모습과 꽃의 특성이 동백나무와 무척 닮았다. 서로 비슷하게 생겼지만, 동백나무는 상록(常綠)이고, 노각나무는 낙엽(落葉)이다.

동백나무는 여러 색깔 그리고 홑꽃, 반겹꽃, 겹꽃으로 매우 다양하게 나타나지만, 노각나무는 흰색의 홑꽃 밖에 없다. 노각나무는 동백나무의 홑꽃을 닮은, 흰색의 홑꽃이 여름에 핀다. 여름에 피어 'Summer Camellia', 야산에 자라 'Mountain Camellia'라는 별명이 생겼다. 동백나무는 상대적으로 'Common Camellia'가 된다.

노각나무는 동백나무처럼 꽃 가운데의 진노란 꽃술이 아주 인상적이다. 그리고 동백나무처럼 꽃이 통째로 떨어지는 나무다. 동백나무는 겨울에, 이 나무는 여름에 꽃이 통째로 떨어진다. 이래서 '여름동백', '하동백(夏冬栢)'이라는 별명이 생겼다.

한편 노각나무는 고로쇠나무(*Acer pictum* subsp. *mono*)처럼 아주 이른 봄에 수액을 채취해 음용하는 나무다.

노각나무의 옛 학명은 '*Stewartia koreana*'로, 종명(*koreana*)은 '우리나라(Korea)가 원산'이라는 뜻이다. 우리나라 노각나무가 다른 나라 노각나무보다

아놀드수목원 방문자센터

꽃도 예쁘고 수피의 문양도 뚜렷하게 나타난다고 한다. 옛 종명에 우리나라가 들어 있을 정도로 아주 친근한 나무였지만, 지금은 좀처럼 보기 어렵다.

하버드(Harvard)대학교 아놀드(Arnold)수목원의 후원을 받았던 영국의 식물학자 윌슨(Ernest Henry Wilson, 1876~1930)이, 1917년에 이 나무를 미국으로 가져가 'Korean Splendor'라는 품종을 만들었는데, 외국에서는 우리와 달리 아주 인기 있는 조경수로 널리 활용되고 있다. 윌슨은 크리스마스트리로 전 세계에서 가장 많이 쓰는, 우리나라 산에서만 자라는 '구상나무(*Abies koreana* E.H.Wilson)'를 1920년 새로운 종(種)으로 등록함으로써, 학명에 명명자(命名者)로 이름을 올린 사람이다.

아놀드수목원 방문자센터(Hunnewell Vistor Center)
앞에서 독립수로 심겨진 노각나무를 만났다. 윌슨이
우리나라에서 가져왔던 나무는 아닐 것이나, 그 나무의 후손이거나
연관된 나무임에는 틀림없다. 머나먼 이국땅에서 반가운 우리 고향의
나무를 만나, 들뜬 마음을 억누르고 유심히 살펴본 나무 이름표(표찰標札)에
는 이렇게 적혀 있었다.

구상나무

Stewartia pseudocamellia

Japanese Stewartia

Native to Japan; Korea

무척 실망스러웠고 아쉬운 마음을 떨칠 수가 없었다. 거창하게 나라를 사
랑한다고 하지 않더라도, 대한민국 국민의 입장에서는 'Korean Stewartia'가
마땅한 표현이다.

우리가 자랑하는 민족의 나무, 소나무(*Pinus densiflora*) '적송(赤松)'도 이런 대접
을 받는 나무다. 소나무가 'Japanese Red Pine'이 아니고 'Korean Red Pine'
이, 그리고 노각나무가 'Japanese Stewartia'가 아니고 'Korean Stewartia'가
되기 위해서는 무엇보다도 국력을 키워야 한다는 생각이다.

노각나무

아놀드수목원 방문자센터 앞 노각나무

노각나무는 꽃이 비교적 귀한 6~8월에 지름 7~10cm 크기로 피는데, 청아한 느낌의 흰색 꽃으로 온 골짜기를 점점이 수놓는다. 주변에 한 그루만 있어도 자기의 존재감을 유감없이 드러낸다. 윌슨이 'Splendor'라는 단어를 나무 이름에 붙인 이유를 알 수 있다.

서늘한 바람이 불기 시작하면 노랗게 물드는 단풍도 대단히 아름답다. 산속의 큰 나무 밑에서 잘 자라므로, 내음성이 강한 나무라는 것을 짐작할 수 있다. 그래서 고층 건물 등으로 항상 그늘이 지는 곳에 심을 수 있는 나무다. 내한성도 강해 전국 어디서나 식재가 가능하다. 나무가 갖는 이런 여러 특성을 감안하면, 노각나무는 조경수로 개발하기에 대단히 좋은 나무다.

그러나 원래 깊은 산속의 비옥한 습윤지에 드문드문하게 자라는 나무인 만큼 생육 조건은 비교적 까다롭다. 토심이 얕거나 척박한 땅에서는 잘 자라지 못하고, 적당한 습기와 충분한 양분을 항상 필요로 한다. 생장 속도가 느린 것도 조경수로의 개발에 제약이 된다.

인도보리수(사르나트, 인도)

염주나무(속리산 법주사)

오래전부터 사람들은 노각나무가 석가모니가 깨달음을 얻었다는 '인도보리수 (*Ficus religiosa*)'와 연관이 있다고 생각했다. 두 나무가 서로 닮았다는 사람들도 있으나, 이는 나무 생김새를 전혀 모르는 사람들의 이야기다. 인도보리수는 노 각나무와 비교할 수 없을 정도로 아주 크게 자라므로, 두 나무가 서로 닮았 다고 하기는 어렵다.

차나무과(Theaceae)의 노각나무는 '온대 지방에 자라는 낙엽활엽교목'이고, 뽕나무과(Moraceae)의 인도보리수는 '열대 지방에 자라는 상록활엽교목'이다.

석가모니가 이 나무 아래에서 깨달음을 얻었다는 인도보리수의 종명 (*religiosa*)은 '종교(religion)'에서 유래한 것이다. 범어(梵語)의 '보디(Bodhi)'는 깨달음이 나 열반(涅槃)을 뜻하는 말이다. 깨달음을 얻은 나무, 도(道)를 깨우친 나무라는 '보디(Bodhi)수(樹)'가 지금의 '보리수(菩提樹)'로 변한 것이다. 불교의 신성한 나무이 므로 우리 국가표준식물명은, 석가모니 부처의 나라 인도를 이름에 넣어 '인도 보리수'로 지었다. 영명은 'Bodhi tree', 'Peepul tree'다.

인도보리수는 인도를 비롯해 아주 따뜻한 지방에서 자라는 나무다. 그래서 이 나무가 자라지 못하는 곳에서는, 잎과 열매가 비슷하게 생긴 '피나무류(*Tilia spp.*)'를 대신해서 심고 이를 '보리수'라 부르고 있다. 우리가 법주사(法住寺)나 금 산사(金山寺), 백양사(白羊寺) 등의 전통 사찰에서 보는 보리수는, 부처가 깨달음을 얻었다는 인도보리수가 아니고 모두 피나무류의 나무다. 열매로 염주를 만든 다는 '염주나무(*Tilia megaphylla*)'가 대표적인 나무다.

신비한 영험의 나무로 여겨진 노각나무는 인도보리수를 대신해 사찰이나

라이큐지

설산(雪山)을 의미   학도(鶴島)와 귀도(龜島)

암자에 즐겨 심겼다. 언젠가 일본 정원의 대가 고보리 엔슈(小堀遠州, 1579~1647)의 걸작으로 알려진 '학(학도鶴島)과 거북(귀도龜島)의 고산수(枯山水) 정원'을 찾아, 오카야마(岡山)현 다카하시(高梁)에 있는 '라이큐지(賴久寺)'에 들렀다. 정원은 현재 명승(名勝)으로 지정되어 있는데, 우리와 달리 일본에는 명승으로 지정된 정원이 많다.

절에 갔지만 독실한 불교신자가 아니기에 참배보다는 산책과 정원 구경에 마음이 쏠렸다. 그곳에서 부처 대신 노각나무를 만났다. 쉽게 보이지 않는 부처의 마음보다는, 하얀 꽃으로 해맑게 드러낸 노각나무의 미소가 한층 가슴에 와 닿았다.

노각나무속에 자생종은 노각나무(*Stewartia pseudocamellia*), 재배종은 중국노각나무(*Stewartia sinensis*), 큰일본노각나무(*Stewartia monadelpha*), 산노각나무(*Stewartia ovata*), 톱니노각나무(*Stewartia serrata*), 로스트라타노각나무(*Stewartia rostrata*)가 국가표준식물목록에 등재되어 있다.

능소화는 여름이면 조금이라도 더 멀리 밖을 보려고
담장에 덩굴을 길게 뻗쳐 높게 꽃을 매단다

발자국 소리를 조금이라도 더 빨리 들으려고 귀를 활짝 연 듯 넓게 꽃잎을 벌린다

구중궁궐의 꽃, 양반의 꽃 능소화

과명 Bignoniaceae(능소화과)
학명 *Campsis grandiflora*

양반꽃, 凌霄花, 金藤花, Chinese Trumpet Creeper

1

'능소화(*Campsis grandiflora*)'는 꽃 이름을 가졌지만, 다른 나무나 담장을 타고 올라가는 갈잎(낙엽落葉) 덩굴나무(만경류蔓莖類)다.

하늘(霄)을 능멸(凌)하는 꽃(花)이라는 이름의 '능소화(凌霄花)'는 하늘을 향해 오르는 만경류의 특성을 잘 나타내고 있다. 능소화는 땅에다 뿌리를 박고 하늘로 덩굴을 뻗어 하늘과 땅을 서로 잇는다. 하늘을 능멸하는 꽃이라기보다는 밑을 내려다보려고 하늘에 오르는 꽃이다.

능소화의 속명(*Campsis*)은 '완만한 곡선(曲線)'을 뜻하는 그리스어 '캄프시스(campsis)'에서 유래한 것으로, 이 속(屬)의 나무들은 수술이 암술을 향해 활 모양의 곡선으로 휘는 특성을 갖고 있다.

종명(*grandiflora*)은 'grand(큰)'와 'flora(꽃)'의 합성어다. 능소화는 종명처럼 크

서울 능동로

고 아름다운 꽃이 피는 나무다. 장마가 시작되는 6월 하순부터 선선한 기운이 감돌기 시작하는 9월 초순까지, 나팔 모양의 주황색 또는 황갈색 꽃이 주렁주렁 달리는데, 중국 원산이므로 'Chinese Trumpet Creeper'라는 영명이 생겼다.

능소화는 담장을 비롯해 건물 벽면, 퍼걸러(pergola)나 트렐리스(trellis) 같은 곳에, 주로 차폐(遮蔽)나 관상(觀賞)의 용도로 심는 덩굴나무다.

담장이나 건물 벽면에 즐겨 올리는 담쟁이덩굴(*Parthenocissus tricuspidata*)은 그늘이 필요한 퍼걸러에는 올리지 못한다. 하늘을 가려 그늘을 드리우는 등나무(*Wisteria floribunda*)는 담장이나 건물 벽면에 흡착하는 빨판(흡반吸盤)이 발달하지 않아 수직면에 바로 올리지 못한다. 등나무는 덩굴이 감고 올라갈 수 있는 기둥과 같은 보조체가 반드시 필요하다. 이런 걸 감안하면 수평면과 수직면을 가리지 않는 능소화는 담쟁이덩굴과 등나무의 역할을 모두 감당하는 대단한 능력의 소유자인 셈이다.

2

'구중궁궐의 꽃'으로 알려진 능소화에는 애틋한 이야기가 전해 온다.

"옛날 복숭아 빛의 볼에 자태가 고운 능소(凌霄)라는 이름의 어여쁜 궁녀가 있었다. 어쩌다 임금의 눈에 들어 하룻밤 성은을 입어 빈의 자리에 오르게 되었다. 그런데 어찌된 일인지 임금은 그 이후 한 번도 능소의 처소를 찾아오지 않았다.

담쟁이덩굴
등나무와 능소화

혹시나 임금이 자기 처소 가까이 왔을까 하여 능소는 밤마다 담장을 서성였다. 발자국 소리라도 나지 않을까, 혹 그림자라도 비치지 않을까? 능소는 안타까이 하염없이 기다렸고, 까치발로 서서 담장 너머를 바라보곤 눈물만 흘렸다.

결국 어느 무더운 여름날 기다림에 지쳐 죽었는데, 내일이라도 오실지 모를 임금을 영원히 기다리겠다는 말을 남겼다. 구중궁궐의 한갓 잊힌 여인에 지나지 않는 능소는 초상도 제대로 치르지 못한 채 쓸쓸히 담장 가에 묻혔다. 이후 담장에는 임금을 기다리다 지쳐 죽은 가녀린 능소의 혼령이라는 능소화(凌霄花)가 홀로 피어났다."

불꽃같은 사랑과 안타까움에 하늘이 감동해 눈물을 흘리는 것인가? 능소화가 피면 장마가 시작된다. 그래서 능소화는 '비꽃'이라는 별명이 생겼다.

시인 신형식(1955~)의 「능소화」와 수녀 이해인(1945~)의 「능소화 연가」는 궁녀 능소 이야기의 새로운 버전이다.

그 전엔, 너의 이름 / 알지 못했다

네 이름 알기 전엔 / 나도 그냥 바람이었다

주렁주렁 등불 걸고 / 주홍치마 차려 입고

까치발 치켜들고 있는 것 같아

술렁술렁 어둠에 묻어 / 너에게로 향해 보던 / 취기 오른 발자국

해 지자 밤은 영글고 / 다가서면 그 어둠

한 발짝씩 물러서 / 바람의 흔들림 빌어 / 이름 석 자 물어 보면

그 대답 듣기도 전에 / 빨개지는 나의 지조

내 사랑도 / 네 사연 닮아

돌담 가에 환하게 / 피어 죽으리

신형식의 「능소화」

이렇게 / 바람 많이 부는 날은

당신이 보고 싶어 / 내 마음이 흔들립니다

옆에 있는 나무들에게 / 실례가 되는 줄 알면서도

나도 모르게 / 가지를 뻗은 그리움이 / 자꾸자꾸 올라갑니다

나를 다스릴 힘도 / 당신이 주실 줄 믿습니다

다른 사람들이 내게 주는 / 찬미의 말보다

침묵 속에서도 불타는 / 당신의 그 눈길 하나가

나에겐 기도입니다 / 전 생애를 건 사랑입니다

이해인의 「능소화 연가」

능소화는 여름이면 조금이라도 더 멀리 밖을 보려고, 담장에 덩굴을 길게 뻗쳐 높게 꽃을 매단다. 발자국 소리를 조금이라도 더 빨리 들으려고, 귀를 활짝 연 듯 넓게 꽃잎을 벌린다. 기다려도 오지 않는 사람을 기다리는 바보같은 꽃이 능소화다. 기다림이 바로 사랑이라는 것을 알게 하는 꽃도 능소화다.

주황색이나 황갈색으로 피는 꽃은 자신을 꽃 피운 인연의 가지에서 결코 시들지 않는다. 곱게 치장한 꽃에 무심코 손을 대면, 어느덧 툭하고 통째로 꽃을 떨어뜨린다. 떠날 때를 알고 떠나는 사람의 모습처럼, 꽃은 가장 아름다운

능소화

미국능소화

순간에 인연을 맺었던 가지를 떠나고 만다. 화려하게 피었다 이별의 순간이 오면, 아무런 미련 없이 땅에 툭 떨어져 버리고 만다.

아무런 미련이 없는 듯, 아름다운 이별을 보이는 꽃이 바로 능소화다. 능소화는 잠시도 흐트러진 모습을 보이지 않은 채, 자신의 가장 아름다웠던 모습을 세상이 기억하길 바라며 아주 먼 길을 떠나는 꽃나무다.

밤새 기다린 능소의 한이 맺혀 죽은 탓일까? 곱게 화장을 하고 피어 있던 꽃이 어느덧 자고 일어나면 싱싱한 모습을 그대로 유지한 채 땅에 툭 떨어져 있다. 땅에 떨어진 채 며칠이 지나도 좀처럼 시들지 않는다. 마치 땅 위에 꽃을 피운 듯한 모습이다.

하늘을 섬기던 꽃이 땅에서 다시 피어나는 꽃이 능소화다. 동백나무(*Camellia japonica*)나 노각나무(*Stewartia pseudocamellia*)도 이렇게 꽃 전체를 통째로 떨어뜨리고, 땅 위에 새로이 꽃을 피우는 나무다.

'풀꽃 시인'으로 알려진 나태주(1945~)는 「능소화」를 이렇게 묘사했다.

누가 봐주거나 말거나 / 커다란 입술 벌리고 피었다가, 뚝
떨어지는 어여쁜 / 슬픔의 입술을 본다
그것도 / 비 오는 이른 아침
마디마디 또 일어서는 / 어리디 어린 슬픔의 누이들을 본다

아름답고 품격 높은 꽃은 땅에 떨어져도 좀처럼 시들지 않아, 이를 선비의 고고한 기품을 나타내는 것이라 여겼다. 이런 이유로 양반집에 즐겨 심었고,

금등화

이에 '양반꽃'이라는 별명이 생겼다. 봄철에 피는 대부분의 꽃과는 달리, 장마철에 뒤늦게 꽃 피는 특성을 양반의 느긋함에 비유하기도 한다. 양반꽃이라는 이름 때문에 옛날에는 일반 서민이 집에 심으면 관아에 끌려가 곤장을 맞았다고도 한다. 그래서일까? 박경리(1926~2008)의 대하소설 『토지』의 주요 무대인 최 참판 댁에도 양반꽃 능소화가 등장한다.

대표적인 덩굴류인 등나무와 연관해, 황금(金)색 꽃(花)이 피는 등(藤)나무라는 '금등화(金藤花)'라고도 불렸다. 그런데 '등나무 중의 등나무'로 여겨, 으뜸을 상징하는 금(金)을 앞에 붙여 금등화가 되었는지도 모를 일이다. 이런 고귀한 이름의 능소화는 무궁화(*Hibiscus syriacus*)와 함께, 과거에 장원급제한 사람이 머리에 꽂는 '어사화(御賜花)'로도 사용되었다.

3

꽃이 아름답고 향기로운 장미는 심술궂은 가시로 자신을 보호한다. 장미꽃을 꺾다가 가시에 찔린 경험은 누구에게나 있다. 장미 못지않은 아름다움을 자랑하는 능소화도 자신을 보호하기 위한 특별한 수단이나 장치를 가졌을까?

이제껏 능소화는 꽃가루에 있다는 날카로운 갈고리로 자신을 보호한다고 알려져 왔다. 능소화꽃을 만진 손으로 무심코 눈을 비비면, "손에 묻은 꽃가

꽃보다 꽃나무 조경수를 만나다

루의 날카로운 갈고리가 각막을 해쳐 눈을 멀게 한다"는 것이다. 사람들은 한 동안 이를 틀림없는 사실로 믿고 있었다. 그러나 이는 전혀 과학적 근거가 없는 거짓으로 밝혀졌다.

원뿔 모양의 꽃차례(원추화서圓錐花序)를 갖는 5~15개의 꽃봉오리는 새로 나온 가지 끝에(정생頂生) 인연을 맺는다. 꽃의 지름은 6~8cm 정도로 꽃잎이 5갈래로 갈라지는 통꽃이다. 꽃잎 안에는 속명(Campsis)이 의미한 것처럼, 좌우대칭의 수술 4개가 가운데 암술을 향해 활 모양으로 휘는 곡선을 이루고 있다. 질서 있는 정연한 모습을 보이는 수술이 2개는 짧고 2개는 길다.

파주 헤이리

서울숲

눈을 멀게 한다는 소문의 꽃가루는 크기가 0.02~0.03mm 정도로, 아주 작은 타원형 모습을 하고 있다. 현미경으로 꽃가루를 확대해 보면 표면이 그물 모양일 뿐, 각막을 해칠 만한 갈고리나 날카로운 돌기는 보이지 않는다. 따라서 일부러 눈에 넣고 억지로 마구 비비지 않는 한, 각막을 해치거나 눈이 멀지는 않는다.

능소화는 꽃을 보호하기 위한 특별한 수단이나 장치를 갖지 못했다. 아름답고 기품 있는 능소화꽃을 보면, 누구나 꺾어 갖고 싶은 게 사람의 본성이다. 능소화 주인은 다른 사람이 자기 꽃을 꺾어 가지는 것을 달가워했을 리 없다. 그래서 능소화꽃을 보호하기 위한 아주 그럴 듯한 방안을 마련했다. "꽃을 꺾으면 손에 묻은 꽃가루가 눈을 멀게 한다"는 섬뜩하고도 효과적인 헛소문을 냈던 것이다.

스스로를 '지리산에 노는 남자'라 소개한 시인 이원규(1962~)의 「능소화」에는
이런 소문과 연관된 내용이 나타나 있다.

꽃이라면 이쯤은 돼야지

화무십일홍 비웃으며 / 두루 안녕하신 세상이여

내내 핏발이 선 / 나의 눈총을 받으시라

오래 바라보다 / 손으로 만지다가

꽃가루를 묻히는 순간 / 두 눈이 멀어버리는

사랑이라면 이쯤은 돼야지

기다리지 않아도 / 기어이 올 것은 오는구나

주황색 비상등을 켜고 / 송이송이 사이렌을 울리며

하늘마저 능멸하는 슬픔이라면 / 저 능소화만큼은 돼야지

잘못 알려진 헛소문은 바로잡아야 하는데, 이를 위해 필요한 나
무의 생김새나 특징을 설명하는 용어는 너무 어렵다.

능소화는 잎이 서로 마주나며(대생對生, opposite), 기수 1회 우상복
엽(奇數 1回 羽狀複葉, odd-pinnately compound leaf)이다. 소엽(小葉, leaflet)은 길이
3~5cm로, 점첨두(漸尖頭, acuminate)의 계란형(卵形, ovate) 또는 난상(卵狀,
ovate) 피침형(披針形, lanceolate)이다. 7~9개로 달리는 소엽의 가장자리에
는 톱니(거치鋸齒, sawtooth)가 발달한다. 10월에 익는 열매는 껍질(과피果皮,
pericarp)이 말라 2개로 갈라지면서 씨를 퍼트리는 '삭과(蒴果, capsule)'로
길쭉하다.

미국능소화

중국 원산인 능소화와 달리, '미국능소화(*Campsis radicans*)'는 북미가 원산이다.

종명(*radicans*)은 '뿌리를 잘 내리는'의 뜻으로, 이 나무가 뿌리를 잘 내리는 특성이 있다는 것이다. 뿌리를 잘 내린다는 것은 삽목 번식이 아주 잘 된다는 뜻이다. 이런 종명은 미국능소화만이 갖는 고유한 차별성을 나타내는 게 아니다. 삽목 번식이 잘 되는 것은 비단 미국능소화에 한정되지 않는다.

능소화도 뿌리를 잘 내리고 삽목에 의한 증식이 아주 쉽다. 기어오르는 줄기 마디마디에서 빨판이 발달한 흡착근(吸着根)이 나오고, 담장이나 벽면에 부착하면서 대략 10m 길이까지 자란다. 수피는 회갈색(灰褐色)이고 세로로 벗겨진다. 작년에 자란 줄기나 뿌리를 잘라 삽목을 하면 쉽게 새로운 뿌리를 내린다.

책에서는 능소화가 대략 10m 길이까지 자란다고 하지만, 전북 진안에 있는 마이산(馬耳山) 탑사(塔寺)의 능소화를 보면 이런 내용이 아주 무색해진다. 영험한 부처의 은덕을 입은 탓일까? 영신각(靈神閣) 뒤쪽의 암반이 능소화 한 그루로 덮여 있어 이곳 돌탑의 불가사의에 신비함을 더하고 있다.

중국 원산인 능소화(Chinese Trumpet Creeper)의 꽃이 '동양의 납작한 나팔'이라면, 북미 원산인 미국능소화(Trumpet Creeper)의 꽃은 '서양의 길쭉한 트럼펫'이다. 미국능소화는 능소화에 비해 꽃의 지름은 작으나 꽃대는 길게 빠져, 꽃이 길쭉한 깔때기나 트럼펫 모양이다. 능소화의 꽃이 넓고 약간 풍성한 반면, 상대적으로 미국능소화의 꽃은 좁고 빈약하다.

꽃이 떨어지는 모습도 차이를 보인다. 능소화는 꽃받침이 붙은 채로 떨어

마이산 탑사

자그레브, 크로아티아

잘츠부르크, 오스트리아
단동(丹東), 중국

안동 하회마을
쇼도시마, 일본

지는 데 반해, 미국능소화는 대부분 꽃받침이 빠지면서 꽃이 떨어진다. 꽃 모양은 넉넉한 느낌의 풍성하고 여유로운 능소화가 한층 예쁘다는 생각이다.

흔히 중국에서 본 것은 능소화, 미국에서 본 것은 미국능소화라고 착각하기 쉬운데, 이는 잘못된 생각이다. 원산지에 따른 구분일 뿐 지금은 중국에서도 미국능소화를, 미국에서도 능소화를 쉽게 볼 수 있다. 국제화의 어울림 시대인 지금보다 훨씬 오래전에 이미 서로 교류되었던 것이다. 버즘나무(*Platanus orientalis*)와 양버즘나무(*Platanus occidentalis*)의 관계도 이런 맥락으로 보면 된다.

능소화속은 모두 재배종으로 능소화와 미국능소화를 비롯해, 노랑미국능소화(*Campsis radicans* f. *flava*), 미국능소화 '플라멩코'(*Campsis radicans* 'Flamenco'), 미국능소화 '인디언 서머'(*Campsis radicans* 'Indian Summer'), 미국능소화 '타카라주카 배리게이티드'(*Campsis radicans* 'Takarazuka Variegated'), 나팔능소화 '마담 게일런'(*Campsis × tagliabuana* 'Madame Galen') 등이 국가표준식물목록에 등재되어 있다.

5

대부분의 꽃이 그렇듯이 능소화도 그늘보다는 햇볕이 잘 드는 곳에서 꽃이 화려하고 많이 핀다. 사질양토에서 잘 자라고, 물기가 약간 있는 비옥한 습윤지를 좋아한다. 내한성은 다소 약한 편이나, 요즘은 추위에 적응한 나무를 재배해 우리 중부 지방에서도 식재하고 있다. 내염성이 강해 바닷가에서도 잘 자라고, 대기오염을 비롯한 각종 공해에도 비교적 강하다. 인천 송도 국제신도시 센트럴파크에서 능소화가 잘 자라고 있는 식재 사례를 볼 수 있다.

한국과학기술원 서울캠퍼스

인천 송도 국제신도시

125

국립산림과학원

능소화는 담장을 비롯해 회색의 콘크리트 벽면이나 옹벽을 가리는 차폐의 용도로 사용하기에 아주 좋다. 등나무 일색인 퍼걸러에 관상이나 녹음의 용도로 이 나무를 올리면, 주변과의 자연스런 조화는 물론 희소성의 효과를 누릴 수 있다. 개화기에는 주황색이나 황갈색 꽃이 연출하는 황홀한 분위기를 만끽할 수 있다. 담쟁이덩굴이나 등나무와 적절히 섞어 심으면, 각 식물의 단점을 보완해 시너지 효과를 누릴 수 있다. 죽은 고사목(枯死木)에 올려, 마치 살아 있는 나무인 듯한 착시 효과를 연출하기도 한다.

꽃말은 '명예', '자랑', '자존심'이라는데, 능소화를 식재하면 꽃말이 뜻하는 이런 느낌을 한껏 누릴 수 있다.

눈물처럼 후두둑 지는 동백나무의 꽃은 가장 화려한 순간에
꽃송이가 통째로 떨어져 생을 마감한다
꽃 달린 화려한 시절이 순식간에 꽃 떨어진 평범한 일상으로 되돌아가는 것이다

눈물처럼 후드득 지는 꽃 동백나무

과명　Theaceae(차나무과)
학명　*Camellia japonica*

冬柏, 冬栢, 山茶, 茶梅, 椿, 女心花, Common Camellia

1

'동백나무(*Camellia japonica*)'는 살을 에는 혹한에도 아름다운 꽃이 피는, 매서운 겨울철을 대표하는 꽃나무다.

폭설 속에서도 붉게 피는 동백꽃은 그 안에 무서울 정도의 열정이 숨어 있다. 베르디(Verdi, 1813~1901)의 오페라 「라 트라비아타(La Traviata)」에서 붉다 못해, 새하얀 눈에 토해 버린 짙붉은 핏방울로 묘사되는 동백꽃은 불같이 타오르는 사랑의 꽃이다. 1964년 한수산 작사, 백영호 작곡의 「동백아가씨」는 불같이 타오르는 사랑보다는 그리움과 기다림에 지친 외로운 사랑을 택했다.

헤일 수 없이 수많은 밤을
내 가슴 도려내는 아픔에 겨워

후쿠오카
녹나무와 동백나무 '히고', 구마모토

얼마나 울었던가 동백아가씨
그리움에 지쳐서 울다 지쳐서
꽃잎은 빨갛게 멍이 들었소

동백 꽃잎에 새겨진 사연
말 못할 그 사연을 가슴에 안고
오늘도 기다리네 동백아가씨
가신 님은 그 언제 그 어느 날에
외로운 동백꽃 찾아 오려나

왜색(倭色) 가요라는 이유로 한동안 금지곡이었던 이 노래 한 곡으로, 이미자(1941~)는 엘레지(elegy)의 여왕이자 우리나라를 대표하는 불멸의 가수가 되었다. 창법이나 느낌이 일본풍에 가까워 금지곡이 되었겠지만, 동백나무는 원래 일본과 연관이 아주 깊은 나무다.

일본 후쿠오카(福岡)시와 구마모토(熊本)시를 상징하는 시화(市花)는 동백꽃이다. 일본에서는 동백을 시목(市木)이나 시화로 정한 도시가 상당히 많다.

부산과 후쿠오카를 오가는 쾌속선 '카멜리아(Camellia)호'는 동백나무의 속명(屬名)을 딴 이름이다. 동백나무의 속명(Camellia)은 이 나무를 수집해 유럽에 소개한 체코의 선교사 '카멜(Georg Joseph Kamel, 1661~1706)', 종명

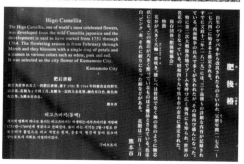

구마모토시의 시화 동백나무 '히고'

두 나무가 마주 보고 있어 '부부나무'로 불리는 수고 7m, 수령 300여 년의 거제 외간리 동백나무(경상남도 기념물 111호)

(*japonica*)은 '일본(Japan)이 원산'에서 유래한 것이다.

학명에는 일반적으로 대표적인 자생지를 표기하는 것이므로, 종명(種名)의 의미가 일본 원산이라고 해서 이 나무가 일본에서만 자라는 것은 아니다. 동백나무는 일본과 연관이 아주 깊지만, 일본을 대표하고 상징하는 나무라 하기는 어렵다. 동백나무는 일본을 비롯해 중국 남부와 우리나라의 따뜻한 섬이나 바닷가에 주로 자라는 나무다.

2

2017년 7월 G20정상회의에 참석하기 위해 문재인 대통령이 베를린(Berlin)을 방문했을 때였다. 영부인 김정숙 여사는 세계적인 작곡가 윤이상(1917~1995) 선생의 묘소에 대통령 전용기로 통영에서 자란 동백나무를 공수해 심었다. 그리운 고향 땅 통영을 밟지도 못한 채 머나먼 이국땅에 쓸쓸히 묻힌 선생의 회환을 조금이나마 달래기 위해서였다. 선생의 고향 통영시를 상징하는 시화(市花)가 동백꽃이고, 시목(市木)이 동백나무다.

윤이상 선생은 생전에 비무장지대에서 민족합동음악축전을 열자고 남북한에 제안했다. 그는 "우리 땅은 우리 민족이 주인이다. 우리 땅은 아무도 침범할 수 없고, 이 땅에 사는 민족은 갈라질 수 없다. (…) 나의 땅! 나의 민족이여!"라 주장했던 낭만적 민족주의자였다. 종종 "음악적 명성은 스쳐 지나가는 하나의 그림자일 뿐이다. 엔젠가는 통영으로 돌아가 바다의 고요한 적막 속에서 마음으로 음악을 들으며 내 안의 나를 발견하고 싶다"고 말했다.

1967년 동베를린 공작단사건 이래 윤이상 선생에 대한 친북 논란은 끊이지 않았다. 그렇지만 조국의 자주화와 민주화를 항상 염원했던 선생을 위해, 김정숙 여사는 이국땅 그의 묘소에 고향 통영의 동백나무를 심었던 것이다. 나무 앞 석판에는 〈대한민국 통영시의 동백나무 2017. 7. 5. 대한민국 대통령 문재인, 김정숙〉이라 새겼다.

그런데 나라님 하시는 일도 1년 앞을 내다보지 못하는 세상인가 보다. 선생이 통영을 떠난 지 49년, 이국땅에서 눈을 감은 지 23년 만인 2018년 3월에 선생의 유해는 그토록 염원했던 고향 땅으로 돌아왔다. 그리고 통영국제음악당 뒤편 한산도 바다가 내려다보이는 언덕에 묻혔다. 8개월 전에 대통령 영부인이 직접 심었던 동백나무는 검역 등의 여러 이유로 유해와 함께 오지 못했다. 한때는 대통령 전용기에 몸을 싣고 귀한 대접을 받았던 동백나무지만, 고향 땅으로 주인을 떠나보내고 이국 땅 베를린에 홀로 남았다. 동백나무의 근황이 무척 궁금하다.

통영 동피랑 벽화

경남 남해군에 건립된 위안부 기림비 '평화의 소녀상'은, 양손 가득히 동백꽃을 안고 한없이 먼 곳을 바라보는 모습이다. 동백꽃은 이 지역 출신의 피해자 박숙이(1923~2016) 할머니가 특히 좋아했던 꽃으로, 사죄를 바라고 평화를 염원하는 할머니의 마음을 담고 있다.

소녀상을 세운 곳은 할머니의 이름을 따 '숙

남해 숙이공원

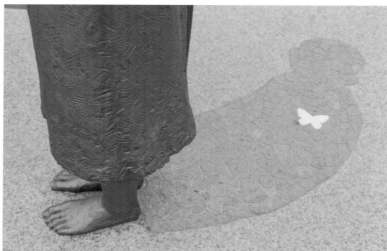

숙이나무에서 핀 꽃　　　　새로운 희망과 환생

이공원'으로 명명하고, 할머니와 같은 해에 태어난 동백나무를 식재해, 소녀상이 갖는 상징적 의미를 한층 강조하고 있다. 나이(수령樹齡)가 같은 동백나무는 '숙이나무'로 이름을 지었다.

한없는 곳을 응시하는 소녀의 모습과 그 그림자는 예전에 처했던 자신의 모습과 풀리지 않는 지금의 상황을 나타내고 있다. 열여섯 살의 꽃다운 나이에 조개를 캐다 일본군에 끌려간 할머니의 이야기를 반영해, 소녀상 옆 의자에는 호미와 조개를 담은 소쿠리가 놓여 있다.

단발머리와 뜯긴 머리카락은 부모와 고향으로부터 강제된 단절을, 어깨 위의 새는 아픈 과거와 끊긴 현재와의 이음을, 그림자 속의 나비는 새로운 희망과 환생을, 맨발은 한 맺힌 응어리를 풀지 못한 마음의 불편함을, 호미와 소쿠리는 가래질하던 소녀의 열여섯 살 당시를, 동백꽃은 거친 풍파를 견던 할머니의 강인한 의지와 생명력을 상징한다.

일본이 저질렀던 만행에 대해 진심 어린 사죄를 요구하며, "한 떨기 동백꽃으로 꼿꼿이 기다리꾸마!"라던 박숙이 할머니는, 2016년 12월 결국 사죄를 받지 못한 채 94세의 나이로 한 많은 세상을 떠나고 말았다.

3

제주도를 비롯한 남해안에는 동백나무가 없는 섬을 찾기 어려울 정도로 아주 흔하게 자란다. 유난히 동백나무가 많은 섬을 '동백섬'이라 부르는데, 남해안에서 동백섬은 아주 흔한 섬 이름이다. 가수 조용필(1950~)의 대표곡 「돌아와요 부산항에」는 이렇게 시작한다.

꽃 피는 동백섬에 봄이 왔건만
형제 떠난 부산항에 갈매기만 슬피 우네

통영시와 마찬가지로 부산광역시를 상징하는 꽃은 동백꽃, 나무는 동백나무다.

10년의 오랜 공사 기간을 거쳐 2018년에 개통한, 서해안의 전북 군산과 충남 서천을 잇는 길이 1,930m의 다리는 공모에 의해 '동백대교'로 이름이 지어

거제 지심도

여수 오동도

140

서천 동백정
부산 동백섬

졌다. 군산시를 상징하는 시화(市花)와 서천군의 군화(郡花)가 모두 동백꽃이다. 동백의 꽃말은 '당신을 사랑합니다'로, 다리 이름에는 두 지역의 상생과 발전을 기원하는 의미가 담겨 있다.

서해안은 대청도, 동해안은 울릉도가 우리나라 동백나무가 분포하는 북방한계(北方限界)다. 우리나라는 대개 중간키나무(아교목亞喬木)에 해당하는 동백나무가 큰키나무(교목喬木)인 후박나무(*Machilus thunbergii*), 붉가시나무(*Quercus acuta*), 종가시나무(*Quercus glauca*), 참식나무(*Neolitsea sericea*), 구실잣밤나무(*Castanopsis cuspidata*) 등과 함께 난대림(暖帶林)을 구성하는데, 이 난대 산림생태계에서 가장 중요한 역할을 하는 나무가 바로 동백나무다.

섬이나 바닷가에 자라는 대부분의 나무들은 마치 비닐로 코팅한 듯, 반질반질한 광택의 잎을 갖는 '조엽식물(照葉植物)'이다. 해풍이 불거나 바닷물이 튀어 생기는 염해를 막기 위한 보호 수단으로, 잎의 표피 조직에 여러 겹의 큐티클(cuticle)층이 잘 발달한 동백나무는 내염성(耐鹽性)이 아주 강한 대표적인 조엽식물이다.

남도의 향토색 짙은 서정시인 영랑 김윤식(1903~1950)의 「동백잎에 빛나는 마음」은 아침 햇살을 받아 빛나는 동백잎에서 느낀 감정을 표현하고 있다.

> 내 마음의 어딘 듯 한편에 끝없는 강물이 흐르네
> 돋혀 오르는 아침 날빛이 빤질한 은결을 돋우네
> 가슴엔 듯 눈엔 듯 또 핏줄엔 듯
> 마음이 도른도른 숨어 있는 곳
> 내 마음의 어딘 듯 한편에 끝없는 강물이 흐르네

서양에는 원래 동백나무가 없었다. 체코의 선교사로 필리핀에 주로 거주하면서 아시아의 식물들을 수집했던 카멜(Kamel)이 일본에서 자라는 동백나무를 수집해 17세기에 유럽으로 가져갔다. 당시 프랑스 사교계에서 이 새로운 꽃나무에 대한 인기가 대단했는데, 카멜의 이름을 따 '카멜리아(Camellia)'로 불렀고 이는 지금의 속명(屬名)이 되었다.

우리에게 '축배의 노래'로 잘 알려진 오페라 「라 트라비아타」는 뒤마(Alexandre Dumas fils, 1824~1895)의 소설 『La Dame aux Camélas』를 원작으로 1853년에 만들어진 것이다. 폐결핵 환자인 소설의 여주인공 마르그리트(Marguerite)가 각혈을 하면 하얀 손수건에 피가 묻었는데, 이를 새하얀 눈밭에 핀 짙붉은 동백꽃으로 묘사했다. 그녀가 유난히도 동백꽃을 좋아했기 때문일까? 오직 동백꽃만을 좋아했던 마르그리트는 한 달의 25일은 흰 동백꽃을, 나머지 5일은 붉은 동백꽃을 가슴에 꽂고 다녔다고 한다.

La Dame aux Camélas를 일본에서는 '츠바키히메(つばきひめ)' 즉, '춘희(椿姬)'로 번역했다. 일본에서 번역된 한자(椿姬)를 그대로 들여와 우리도 춘희로 부르고 있다. 우리말로는 La Dame aux Camélas가 '동백(Camélas) 아가씨(Dame)'라는 뜻이므로, '춘(椿)'은 '동백나무' 그리고 '희(姬)'는 '아가씨'가 된다. 일본에서는 춘(椿)을 동백나무를 지칭하는 '츠바키(つばき)'라 한다.

그런데 일본과 달리 한자사전에는, 춘(椿)을 '참죽나무 춘(椿)'으로 설명하고 있다. 무병장수와 불로장생의 의미를 갖는 '춘(椿)'은 중국 원산인 '참죽나무(Cedrella sinensis)'를 가리키는 것이다.

장자(莊子, BC 369~289)의 『소요유편(逍遙遊篇)』에 이런 내용이 있다.

上古有大椿者 (상고유대춘자)　　　사람은 참죽나무에 비하면 아무 것도 아니다
以八天歲爲春 (이팔천세위춘)　　　8천 년을 봄으로 하고
以八天歲爲秋 (이팔천세위추)　　　8천 년을 가을로 하는

8천 년이 봄이고 8천 년이 가을이므로, 참죽나무 1년은 무려 3만2천 년에 해당한다. 아주 과장되고 공상적인 표현이지만, 장자는 참죽나무(椿)를 영원한 삶을 누리는 신선의 나무로 여겼다. 어른이 거처하는 곳에는 참죽나무를 심어, 무병장수와 불로장생을 기원했다.

상대방의 아버지를 높여 부르는 '춘부장(椿府丈)'에는 이런 상징적 의미가 담겨 있다. 부(府)는 돈이나 문서를 보관하는 창고로 '큰 집'을 의미한다. 장(丈)은 손에 지팡이를 든 모습으로 '어른'을 의미한다. 부장(府丈)은 '큰 집의 어른'이라는 뜻이고, 참죽나무를 의미하는 춘(椿)에는 건강하게 오래 살기를 바라는 염원을 담았다. 춘부장은 '건강하게 오래 살기를 바라는 큰 집의 어른'이라는 뜻이다.

상록(常綠)의 동백나무는 사시사철 변치 않고 항상 푸른 모습을 나타낸다. 일본에서는 이런 특성을 무병장수와 불로장생을 의미하는 참죽나무에 빗대어, 동백나무를 춘(椿)으로

참죽나무

해석했다.

시코쿠(四國)의 마쓰야마(松山)에는 천황도 자주 애용했다는 유서 깊은 온천 마을 '도고(道後)온천'이 있다. 이곳에는 '椿の湯'이라는 이름의 온천이 있는데, 이곳에서 목욕을 하면 건강하고 오래 산다는 '동백나무 온천'이라는 뜻이다. '椿の湯' 주변에는 가로수로 동백나무를 심고 동백꽃을 모티브로 한 조형물을 설치해, '椿(동백나무)'이 갖는 무병장수와 불로장생의 상징적 의미를 나타내고 있다.

5

나무 이름인 '동백(冬柏)'은 '겨울 측백나무' 또는 '겨울 잣나무'라는 뜻이다. 한자 '백(柏)'은 '측백(側柏) 백(柏)'으로 측백나무(*Thuja orientalis*)를 뜻하나, 종종 잣나무(*Pinus koraiensis*)를 뜻하기도 한다. '백(柏)'은 '백(栢)'으로 쓰기도 한다.

측백나무와 잣나무는 사시사철 푸르고 기품이 있어, 변치 않는 선비의 지조나 여인의 절개와 같은 상징적 의미를 갖는다. 동백나무도 이런 뜻을 갖는데, 혼례상에 올려 부부가 평생 함께할 것을 약속하는 징표로도 사용되었다.

2009년 천연기념물 515호로 지정된 '나주 송죽리 금사정 동백나무'는 이런 상징적 의미를 보여 주는 대표적인 나무다. 조선 중종 14년(1519년), 시대를 앞선 개혁가 조광조(1482~1519)를 구명하던 유생 11명이 고향인 나주로 낙향해 금사정(錦社亭)을 지었다. 이들은 정치의 비정함을 한탄하고 후일을 기약하며 변치 않는 우의를 맹세한다는 의미로 동백나무를 심었다. 오늘에 이르러 이 동백나무

는 이런 역사적 의의와 오래된 나무가 갖는 생물학적 가치가 높아 천연기념물로 지정되었다.

동백나무는 살을 에는 혹한에도 아름다운 꽃을 피우는, 매서운 겨울철을 대표하는 꽃나무이므로, 이런 뜻을 가진 동백(冬柏)이라는 이름이 생겼다. 이 나무를 꽃이 피는 계절에 따라 '춘백(春柏)', '추백(秋柏)', '동백(冬柏)'으로 구분해 부르기도 하지만, 대부분 겨울에 꽃이 피므로 동백으로 부른다. 그런데 가을에 핀다는 추백은 동백나무가 아니라, 늦가을이나 초겨울에 피기 시작하는 '애기동백나무(*Camellia sasanqua*)'를 가리키는 것이다.

겨울에 피는 '동백(冬柏)'으로 유명한 여수 '오동도(梧桐島) 동백'의 해설판에는 이런 내용이 있다.

"아리따운 한 여인이 도적떼로부터 정절을 지키기 위해 벼랑 창파에 몸을 던졌고, 뒤늦게 이 사실을 안 남편은 오동도 기슭에 정성껏 무덤을 지었는데, 북풍 한파 눈 내리는 그해 겨울부터 하얀 눈이 쌓인 무덤가에는, 붉은 동백꽃이 피어나고 푸른 정절을 상징하는 신우대가 돋아났다. 이런 연유로 이 꽃을 '여심화(女心花)'라 부르기도 한다."

여수시의 시화도 동백꽃이고 시목도 동백나무다.

나주 금사정 동백나무

여수 오동도 동백 조형물

고창 선운사

구례 화엄사

봄에 피는 '춘백(春栢)'으로 유명한 곳은, 가수 송창식(1947~)이 노래한 「선운사(禪雲寺)」로 널리 알려진 '고창 선운사 동백나무 숲'이다. 이곳은 4월 초순에서 중순이 개화 절정기라고 하니, 동백보다는 춘백이 한층 어울리는 이름이다.

선운사 동백나무 숲은 1967년 천연기념물 184호로 지정되었다. 도솔산 아래 5천여 평에 3천여 그루가, 대웅보전 및 관음전 등의 건물 후면을 따라 폭 30m 정도의 띠 모양으로 길게 심겨 있다. 나무의 평균 높이는 6m 정도이고, 밑동의 둘레 즉 뿌리 부분의 평균 둘레는 약 30cm가 된다.

섬이나 바닷가에 자연 상태로 주로 분포하는 동백나무가 이처럼 내륙에 대규모로 심겨 인공림의 형태로 남아 있는 사례는 거의 없다. 이 동백나무 숲은 아름다운 사찰경관을 이루고 있어 사찰림으로서의 문화적 가치와 오래된 동백나무 숲으로서의 생물학적 보존 가치가 높아 천연기념물로 지정되었다.

선운사에 가신 적이 있나요?
바람 불어 설운 날에 말이에요
동백꽃을 보신 적이 있나요?
눈물처럼 후두둑 지는 꽃 말이에요

송창식은 애잔한 목소리로 동백꽃 지는 모습을 '눈물처럼 후두둑 지는 꽃'으로 노래했다. 눈물처럼 후두둑 지는 동백나무의 꽃은 가장 화려한 순간에 꽃송이가 통째로 떨어져 생을 마감한다. '제주 4.3사건'의 아픔을 나누고 기리

동백나무

'제주 4.3 이젠 우리의 역사' 포스터

는 꽃이 바로 동백꽃이다. 이 사건으로 희생된 수많은 영혼들이 마치 4월에 꽃송이 채로 떨어지는 붉은 동백꽃처럼 이름 없이 스러져 갔다.

동백꽃은 장미꽃이나 벚꽃처럼 꽃잎 하나하나가 낱장으로 흩날리며 떨어지는 것이 아니라, 통꽃의 꽃송이가 통째로 툭 떨어진다. 다른 나무에서는 좀처럼 보기 힘든 모습이다. 꽃 달린 화려한 시절이 순식간에 꽃 떨어진 평범한 일상으로 되돌아가는 것이다. 이는 "사람의 부귀영화는 어느 한 순간이다"는 의미와 서로 통한다.

색즉시공(色卽是空), 공즉시색(空卽是色)

"색은 눈에 보이는 만물(萬物)을 말하며, 이 만물은 모두 일시적인 모습일 뿐이고 그 실체는 없다"는 뜻으로, 불교의 반야심경(般若心經)에 나오는 글이다. 스님들은 찰나(刹那)의 순간에 통째로 떨어지는 동백꽃이, 불교경전의 이런 상징적 의미를 잘 담고 있다고 믿었다. 부처를 모신 사찰에 동백나무를 즐겨 심는 것은 바로 이런 까닭이다. 꽃이 통째로 툭 떨어지는 노각나무(Stewartia pseudocamellia)나 능소화(Campsis grandiflora)도 이런 이유로 사찰에 즐겨 심는다. 동백나무는 겨울에, 노각나무와 능소화는 여름에 꽃이 떨어진다.

어떤 사람들은 "동백나무는 꽃이 세 번 핀다"고 한다. 나무에서 한 번. 땅

꽃보다 꽃나무 조경수를 만나다

에 떨어져서 또 한 번. 그리고 그 떨어진 꽃을 보는 사람의 마음에서 다시 또 한 번. 그런데 마지막 꽃인 사람의 마음에 핀 꽃은 어느 누구도 꺾을 수가 없다.

7

모든 만물이 깊은 겨울잠에 빠져 있을 때, 동백나무 홀로 짙붉은 꽃을 우리에게 드러낸다. 이런 꽃을 들여다보면 꽃 가운데를 빽빽하게 채우는 진노란 꽃술이 아주 인상적이다. 암술에 비해 진노란 색깔의 수술은 대단히 많다.

과학 교사였던 고등학교 친구는 과학적 사고에다 탐구심이 아주 강해서 그랬던 것일까? 언젠가 화분에서 30년 동안 길렀다는 동백나무 꽃술의 수를 직접 세고, 그 사진을 카카오톡 단체 대화방에 올렸다. 두 번에 걸쳐 조사한 결과, 꽃술의 수는 정확히 85개라고 했다. 동백나무는 꽃술이 85개나 되는 대단한 나무다. 대체로 암술에 비해 주변을 맴도는 수술이 많아야 하지만, 꽃술이 이렇게 많지 않으면 동백나무는 열매 맺는 게 상당히 어렵다. 여기에는 그럴 만한 이유가 있다.

모든 생명체는 자신의 대에서 목숨이 끝나는 것이 아니라, 자신의 삶을 지속적으로 이어갈 후손을 번식하기 위한 임무가 있다. 후손을 잇기 위해서는 열매를 맺어야 하고, 열매를 맺기 위해서는 먼저 꽃을 피워야 한다.

동백나무가 꽃을 피우는 시기는 하필이면 살을 에는 칼바람의 매서운 겨울이다. 꽃은 피었지만 꽃가루를 날려야 할 벌과 나비는 여태껏 잠을 자고 있다. 그런데 "이가 없으면 잇몸으로 대신한다"고 했던가? 동박새(Zosterops japonicus)가

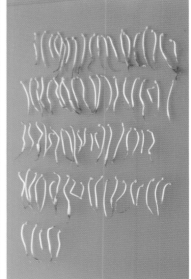

이런 벌과 나비를 대신한다.

짙붉은 꽃잎과 진노란 꽃술에 이끌린 동박새는 동백꽃의 탐스런 꿀통을 빨아 배고픔을 해결하고, 그 보답으로 동백나무의 수정을 도와 열매를 맺게 한다. 이것이 초등학교 과학 수업시간에 익히 들었던 '동백나무와 동박새의 공생 관계'다. 벌과 나비의 도움을 쉽게 받을 수가 없기 때문에, 꽃술이 이럴 정도로 많아야 열매를 그나마 맺을 수 있는 것이다. 꽃가루를 나르는 동박새를 매개로 수분(受粉)이 이루어지는 이런 동백꽃을 '조매화(鳥媒花)'라 하고, 북한에서는 이를 '새나름꽃'이라고 한다.

이런 동백나무는 다른 나무에 비해 열매를 많이 맺지 못한다. 지름 3∼5cm

의 둥근 공 모양으로 맺는 열매는 두꺼운 껍질로 둘러싸인 '삭과(蒴果, capsule)'다. 10월에 익는 열매는 대개 3개로 갈라지는데, 그 안에는 마치 잣을 닮은 암갈색 씨(종자種子)가 3~9개 들어 있다.

씨를 짜 추출한 동백기름은 올리브기름과 함께 불포화지방산의 함유량이 많아, 쉽게 산화되거나 굳어지지 않는 고급 품질의 불건성유(不乾性油)다. 아주 오래전부터 식용이나 약용은 물론 등불을 밝히는 등잔기름, 얼굴에 바르거나 고운 머릿결을 다듬는 머릿기름으로 사용해왔다. 그래서 쓸모가 많은 이 고급 기름을 얻기 위해 동백나무를 즐겨 심었고, 이렇게 얻어진 동백기름은 당시 중요한 수입원이었다. 천연기념물로 지정된 '고창 선운사 동백나무 숲'도 스님들이 선운사 살림을 충당하기 위한 방편으로 조성한 것이다.

8

동백나무의 옛 이름은 '산다화(山茶花)' 또는 '산다목(山茶木)'으로, 현재 이 나무의 중국명은 '山茶'다. 산다(山茶)는 '산(山)에 있는 차(茶)나무'라는 뜻이다. 차나무(Camellia sinensis)는 동백나무와 같은 속(屬)으로 같은 집안이다. 차나무의 꽃도 가운데의 진노란 꽃술이 무척 인상적이다. 차나무 꽃을 유심히 보면 꽃잎 색깔은 다르지만, 동백나무 꽃과 매우 닮은 것을 쉽게 알 수 있다.

강희안(1417~1464)의 『양화소록(養花小錄)』에는 "산다(山茶)는 남쪽에 나고, 잎은 차나무와 닮고 두터우며, 한겨울에 꽃이 핀다. 열매에서 기름을 짜 머리에 바르면, 윤기가 나고 아름답게 보인다"는 기록이 있다.

전남 강진에는 담양의 소쇄원(瀟灑園), 완도의 부용동(芙蓉洞) 원림과 함께 '호남의 3대 별서정원(別墅庭園)'으로 불리는 '백운동(白雲洞) 원림'이 있다. 다산 정약용(1762~1836)은 이 원림의 아름다운 12경(景)을 시로 읊은 『백운첩(白雲帖)』을 만들었는데, 제2경인 '산다경(山茶徑)'은 원림으로 들어가는 입구에 해당하는, 동백나무(山茶) 사이의 작은 길(徑)을 묘사한 것이다.

원래 따뜻한 바닷가에 자라는 동백나무는 햇볕이 잘 드는 양지바른 곳에 심는 나무다. 이런 사실을 잘 보여주는 상징적인 사례를, 우리나라를 대표하는 별서정원인 담양 소쇄원의 '애양단(愛陽壇)'에서 찾을 수 있다.

차나무

'햇볕(陽)을 좋아하는(愛) 담장(壇)'이라는 애양단은, 소쇄원의 햇볕이 잘 드는 마당에 위치하기 때문에 붙여진 이름이다. 애양단으로 둘러진 약 7m×10m 크기의 마당은, 인근 계곡이 얼어 있을 때에도 이곳에 쌓인 눈은 완전히 녹아 봄볕을 무색케 한다. 하서 김인후(1510~1560)가 지은 「소쇄원 48영(詠)」의 '양단동년(陽壇冬年)'에는 이렇게 나타나 있다.

壇前溪尙凍　　　단 앞의 시냇물은 아직 얼어 있건만
壇上雪全消　　　단 위의 눈은 모두 녹았구나

소쇄원 애양단

모퉁이에 있는 동백나무 한 그루가 애양단의 따사로운 햇살을 한가로이 쬐고 있다. 물론 소쇄원 조성 당시의 나무는 아니지만, 원래부터 이 자리에 동백나무가 있었을 것으로 추측하는 건 그다지 어렵지 않다.

햇볕이 잘 드는 따뜻한 곳을 좋아하지만, 그늘진 응달에도 비교적 잘 견딘다. "하루에 필요한 동백나무의 최소 수광량(受光量)은 2시간이고, 아주 강한 햇볕은 생육에 지장을 초래한다"는 연구 결과가 있다. 어느 나무나 그렇지만 지나친 모자람과 과함은 곤란하다.

잎이 너무 무성하면 꽃이 잘 피지도 않고 병충해도 많아진다. 그래서 조밀한 가지를 솎아 낼 정도의 유지 관리는 항상 필요하다. 그러나 한겨울에 맺는 꽃봉오리의 꽃눈(화아花芽)이 7~8월에 형성되므로, 이 시기 이후에는 가급적 가지치기나 전정을 하지 않는다.

꽃눈이 형성되기 이전에 나무 모양을 고려해, 안쪽으로 향한 내향지(內向枝)나 말라 죽은 고사지(枯死枝), 그리고 아주 웃자란 도장지(徒長枝)를 제거한다. 열매를 맺으면 양분을 많이 뺏겨 수세(樹勢)가 약해지므로, 조경수로 활용할 경우에는 익기 전에 열매를 미리 따 버리는 것이 좋다.

9

관상 가치가 매우 높은 동백나무는 현재 남부 지방에서 가장 인기 있는 조경수의 하나다. 아주 크게 자라지 않고 관상의 용도로 활용하기에 적당한 크기로 자라기 때문에, 특히 일본에서 수많은 원예 품종을 만들었다. 이 나무를 재배하면서 새로운 것이나 특이한 것이 발견될 때마다 새로운 품종으로 개발한 것이다. 전 세계적으로 2,000여 종류가 있는데, 꽃의 모양(홑꽃, 반겹꽃, 겹꽃), 꽃의 크기, 꽃의 색깔, 꽃 피는 시기에 따라 구분한다.

우리 국가표준식물목록에 동백나무속은 310여 종류가 등재되어 있는데, 거의 모두 재배종으로 개발한 것이다. 자생종은 동백나무(*Camellia japonica*), 흰동백나무(*Camellia japonica* f. *albipetula*), 차나무(*Camellia sinensis*) 밖에 없다.

문화재청은 학술적·문화적 가치가 높은 군락지나 분포 한계지역을 천연기념물로 지정해 보존하고 있다. 현재 '옹진 대청도 동백나무 자생북한지(自生北限地)', '강진 백련사 동백나무 숲', '서천 마량리 동백나무 숲', '고창 선운사 동백나무 숲', '거제 학동리 동백나무 숲과 팔색조 번식지', '광양 옥룡사 동백나무 숲', '나주 송죽리 금사정 동백나무', 모두 7곳이 천연기념물로 지정되어 있다.

동백나무는 난대식물 중에서 가장 북쪽에 자라는 나무다. 옹진 대청도나 서천 마량리는 동백나무가 자연적으로 자랄 수 있는 북쪽 한계지역이다. 우리나라 동백나무 북방한계는 전 세계 동백나무의 북방한계가 된다. 대청도나 마량리 동백나무들은 세계에서 추위에 제일 강한 동백나무다. 그래서 이 나무들은 추운 지역에서도 조경수로 활용할 수 있는, 내한성 동백나무 개발을 위한

서천 마량리 동백나무 숲

광양 옥룡사 동백나무 숲

아주 귀중한 우리의 유전자원이다.

천연기념물 515호로 지정된 '나주 송죽리 금사정 동백나무'는 숲이 아니고 나무가 지정된 경우다. 동백나무 숲이 아니고 한 그루 단목(單木)이 천연기념물로 지정된 사례는 유일하며, 우리나라에서 줄기가 가장 굵고 수형과 수세가 아주 좋은 동백나무다. 나무높이 6.0m, 수관폭(동서 7.6m, 남북 6.4m), 밑동둘레 2.4m 정도로, 나이는 조광조(1482~1519)와 금사정(錦社亭)에 연관된 역사적 사실을 근거로 약 500년으로 추정하고 있다.

천연기념물은 아니지만 약 20만㎡에 이르는 '장흥 천관산 동백나무 숲'은 우리나라 최대의 동백나무 군락지다. 2000년에 산림청의 '산림유전자원보호구역'으로 지정되었고, 2007년에는 '단일 수종 최대 군락지'로 한국 기네스 기록에 등재되었다. 2018년에는 많은 사람들에게 산림의 공익적 기능을 제공하는 산림관광 모델인 '국유림 명품숲'으로 선정되어 새로운 지역 명소로 자리매김하고 있다.

10

동백나무와 같은 속(屬)의 '애기동백나무(*Camellia sasanqua*)'도 아름다운 꽃나무로 잘 알려진 나무다. 아기(애기)는 작고 귀엽다. 이름에서 알 수 있듯이, 애기동백나무는 아기처럼 작고 귀여운 동백나무다. 나무 크기뿐 아니라 꽃·잎·열매 모든 것이 동백나무보다 작다.

모든 것이 작기 때문에 나무에서 느껴지는 이미지나 나무가 드러내는 분위

동백나무

애기동백나무

기도 사뭇 다르다. 동백나무가 '어른의 느낌'이라면 애기동백나무는 아기, 아니 '아이의 느낌'이라 해야 적절한 것 같다. 그런데 어른의 느낌과 아이의 느낌에 비유하면, 그 추상적 구분을 다른 사람들이 이해할 수가 있을까? 나무의 이미지나 분위기에 대한 적절한 묘사나 표현이 대단히 어렵다.

조경공사 현장에서는 아직도 일본어를 그대로 사용하는 경우가 많다. 종명인 '사상카(sasanqua, さざんか)'라 부르면 애기동백나무를 가리키는 것으로, 사상카는 '산다화(山茶花)'에서 유래한 것이다.

동백나무는 우리나라에 자라는 자생종이고, 애기동백나무는 일본에서 들어온 재배종이다. 애기동백나무는 늦가을이나 초겨울의 서리가 내릴 무렵 꽃이 피기 때문에, '늦동백'이나 '가을동백(추백秋柏)', '서리동백'으로 부르기도 한다. 대체로 동백나무보다는 꽃 피는 시기가 빠른 편이다.

중국에서는 애기동백나무를 차나무 다(茶)에다 매화(梅)를 붙인 '다매(茶梅)'로 불러, 동백나무의 '산다(山茶)'와 구별하고 있다. 산(山)에 있는 차(茶)나무라는 산다와 구별해, 바닷가(海)에 붉게(紅) 피는 '해홍(海紅)'이라고도 한다.

| 대 산 다
大山茶 | 큰 것은 동백나무 |
| 소 해 홍
小海紅 | 작은 것은 애기동백나무 |

동백나무의 꽃은 대개 잎 뒤쪽에 피므로 잘 보이지 않으나, 애기동백나무는 잎 앞쪽에서 활짝 벌어지며 피므로 상대적으로 눈에 잘 띈다. 동백나무는 꽃 전체가 통째로 떨어지는 반면, 애기동백나무는 꽃잎이 하나하나 낱장으로

구라시키

흩뿌려지며 떨어진다.

『들꽃 편지』의 저자인 시인 백승훈(1957~)은 「애기동백」에서 동백꽃과 애기동백꽃 지는 모습을 이렇게 묘사했다.

사랑이 / 생의 가지에 피는 꽃이라면

내 마지막 사랑은 / 애기동백이었으면 좋겠네

아무도 찾지 않는 겨울 바닷가 / 맵찬 눈보라 속에 홀로 피어

늦게 피는 꽃은 있어도

피지 않는 꽃은 없다고 온몸으로 외치는

애기동백이었으면 좋겠네

절정에서 제 목을 긋고 / 쿨하게 져 버리는 그냥 동백이 아니라

행여 향기 사라질까 / 마지막 한 잎까지 가만히 내려놓는

애기동백이었으면 좋겠네

애기동백나무는 불필요한 시선을 가리거나 영역을 표시하는, 차폐나 경계의 산울타리 용도로 사용하기에 대단히 좋은 나무다. 일본에서는 이 나무가 산울타리로 가장 흔하게 사용되는 나무다.

고구려의 담징(579~631)이 금당 벽화를 그렸다는 나라(奈良)의 '호류지(法隆寺)'에서 애기동백나무 산울타리를 본 적이 있다. 아직까지도 참 멋진 울타리로 뇌리에 남아 있는 이유는, 당시 꽃이 활짝 핀 상태의 정연한 산울타리였기 때문일까?

오카야마
순천

도쿄
후쿠오카

교토
홍콩

남해

나라 호류지

정연한 모습의 반듯한 산울타리를 유지하기 위해서는, 가지치기나 전정을 자주 해야 한다. 사실상 이런 경우에는 만개된 상태의 꽃을 보기가 상당히 어렵다. 부산, 김해, 순천 등 남부 지방에 만든 우리 애기동백나무 산울타리는 일본의 사례에 한참 미치지 못한다. 나무 개체에 따른 차이가 있겠지만, 애기동백나무는 겨울철 온도에 대단히 민감한 수종이다. 유지관리를 비롯한 여러 요인을 감안하더라도, 일본보다 훨씬 낮은 1월 평균 기온이 이런 차이를 나타내는 주요 원인이다.

조경수로서 애기동백나무의 용도는 동백나무와 거의 같으나, 추위에 견디는 내한성이 동백나무보다 약하다. 그래서 동백나무보다는 식재 가능한 지역이 다소 제한된다. 그러나 이 나무는 아기자기하고 단아한 느낌의 작은 잎, 섬세하고 화려함이 돋보이는 꽃 등 동백나무에 없는 세밀한 질감(質感)을 가진 아주 유망한 꽃나무다. 지구 온난화에 따라 겨울철 기온이 점차 높아지면, 애기동백나무의 활용 범위와 조경적 가치는 한층 높아질 것이다.

11

만 29세의 젊은 나이로 요절한 천재 소설가 김유정(1908~1937)의 대표작으로 『동백꽃』이 있다. 소작인의 아들로 주인공으로 등장하는 우직한 나와, 마름의 딸로 조숙한 점순이의 사랑 이야기를 해학적으로 엮은 단편 소설이다. 이 소설에 등장하는 '동백꽃'은 동백나무가 아니고, '생강나무(*Lindera obtusiloba*)'를 가리키는 것이다.

담장 안 애기동백나무를 활용한 일명 '동백꽃 파마' 벽화, 신안 암태도

동백나무가 자라지 못하는 추운 지방에서는, 생강나무 열매로 기름을 짜 여인들의 머릿기름으로 대신해 사용했다. 이런 까닭으로 그곳 사람들은 생강나무를, 머릿기름의 대명사인 '동백나무'나 '개동백나무', '산동백나무', '올동백나무' 등으로 불렀다.

김유정의 고향은 동백나무가 자라지 못하는 강원도 춘천이다. 토속적인 어휘 사용과 탁월한 언어 감각을 지닌 그는 소설 『동백꽃』에서, 동백나무의 '붉은 동백꽃'과 구별해 생강나무를 '노란 동백꽃'으로 표현했다.

'쪽동백나무(Styrax obassia)'는 독특한 이름의 나무다. 서로 이름이 비슷한 동백나무와 쪽동백나무는 어떤 관계일까? 쪽배·쪽지·쪽문 등에서 추측할 수 있듯이, '쪽'이라는 접두어는 '작은'의 뜻이다. 작은 배를 '쪽배'라 하고, 대문 한 편에 사람이 드나들도록 낸 작은 문은 '쪽문'이다.

이 나무의 열매는 동백나무와 모양은 비슷하나 크기가 작아 쪽동백나무라는 이름이 생겼다. 때죽나무과에 속하는 쪽동백나무는 이름이 서로 비슷하지만, 차나무과의 동백나무와 분류학적으로 아무런 연관이 없다. 쪽동백나무는 "열매에 독성이 있어 물에 풀면 물고

노란 동백꽃
쪽동백나무 열매

171

애기동백나무 산울타리, 교토 시센도(詩仙堂)

기가 때로 죽는다"는 유래를 가진, 흥미로운 이름의 '때죽나무 (*Styrax japonica*)'와 같은 집안이다.

요즘 '열린 공간!', '열린 이웃!'을 강조하는 사회적 추세에 따라, 담장을 허물고 대신 산울타리를 조성하는 사례가 빠르게 증가하고 있다. 산울타리용 나무로는 겨울철에 잎이 모두 떨어져 빈약함을 드러내는 낙엽수(落葉樹, Deciduous)보다는, 사계절 내내 푸름을 유지하는 상록수(常綠樹, Evergreen)가 제격이다.

상록의 나무로 산울타리를 조성하는 경우, 동백나무 특히 애기동백나무는 광나무(*Ligustrum japonicum*), 사철나무(*Euonymus japonicus*), 돈나무(*Pittosporum tobira*), 우묵사스레피(*Eurya emarginata*) 등과 함께 남부 지방을 대표하는 산울타리용 나무가 된다.

광나무
사철나무
돈나무
우묵사스레피

여러 색깔로 피는 명자꽃은 대단히 아름답다

화려한 색깔의 꽃은 녹색 잎을 바탕으로 강한 색채의 대비 효과를 나타낸다

열매가 한창 익는 가을에도 예전에 못다 핀 화려한 꽃을 종종 드러낸다

수줍음 많던, 첫사랑을 쏙 빼닮은 명자나무

과명 Rosaceae(장미과)
학명 *Chaenomeles speciosa*

처녀꽃나무, 아가씨꽃나무, 山棠花, Flowering Quince

1

여자 이름의 '명자나무(*Chaenomeles speciosa*)'는 잎이 나오면서 빨간색, 분홍색, 주황색, 흰색 등의 색깔로 아주 화려하게 꽃이 피는 나무다.

> 봄이 왔네 봄이 와 / 숫처녀의 가슴에도
> 나물 캐러 간다고 / 아장아장 들로 가네
> 산들산들 부는 바람 / 아리랑 타령이 절로 나네
> 응…… 응……

범오 작사, 김준영 작곡으로 1930년대에 강홍식이 흥겹게 노래한 「처녀총각」이라는 제목의 민요풍 가요다.

경복궁

명자나무

붉은색 꽃이 곱고 향기로운
자태를 보며 아가씨꽃나무라하며,
이 꽃을 보면 여자가 바람난다하여 집안에
심지 못하게 하였습니다.

　"사람들은 주위 환경으로부터 영향을 아주 많이 받는다"는 '환경개연론(環境蓋然論, Environmental Probabilism)'을 굳이 언급하지 않더라도, 봄이 오면 봄바람에 마음 들뜬 숫처녀는 집 안에 가만히 있기 어렵다. 나물 캐러 간다는 구실로, 집 밖 아지랑이 피어오르는 들판으로 봄나들이를 간다.

　중국 원산인 명자나무는 꽃이 너무나 화려하기 때문에 "명자나무 꽃을 보면 처녀가 바람이 난다고 집에 심지 못하게 했다"는 이야기가 전해 온다. 이에 처녀가 바람이 나는 나무라고 생각해 '처녀꽃나무', '아가씨꽃나무', '각시꽃나무'라는 별명이 생겼다. 아가씨처럼 예쁘고 아름다운 꽃나무로 생각해도 된다.

　이런 말을 들으면 생각나는 꽃이 있다. 얼레지(Erythronium japonicum)의 날렵한 꽃 모양을 치켜 올린 치마에 비유해, 얼레지의 꽃말은 '바람난 처녀'로 정해졌다.

　속명(Chaenomeles)은 그리스어 'chaino(갈라지다)'와 'malon(사과)'의 합성어로, '사과처럼 생긴 열매가 갈라지는'의 뜻이다. 종명(speciosa)은 '아름다운'이나 '화려한'의 뜻으로, 이 나무의 꽃이 대단히 아름답고 화려하다는 것을 의미한다.

엘레지

2

명자나무의 옛 국가표준식물명은 '산당화(山棠花)'였다. 바닷가(海)에 자라는 '해당화(海棠花, Rosa rugosa)'에 비견될 정도로, 산(山)에 자라는 아름다운 꽃나무로 생각

교토

했다.

이 나무의 현 국가표준식물명은 '명자나무'다. 옛 국명 '산당화'는 꽃이 연상되는 꽃 이름이기 때문에, 적절한 나무 이름으로 바꿔야 했을 것이다. 그런데 하필이면 왜 명자나무라는 이름으로 바꿨는지 무척 궁금했다. 한자(漢字)로 추측되는 '명자'라는 용어를 아무리 찾아도, 그 이름의 뜻이나 유래를 도저히 알 수가 없었다.

처녀꽃이나 아가씨꽃, 각시꽃이라고 했으니, 그 아가씨 이름을 '명자'라고 추측하면 너무나 지나친 비약일까? 그런데 혹 그런지도 모른다는 생각이다. 지금의 세련된 이름과는 거리가 멀지만, 당시 명자(明子)는 여자 이름을 대표하는 이름이었다. 자료를 검색하던 중, 이희숙의 '명자꽃'이라는 재밌는 글을 찾았다.

명자라는 너무 흔하고 촌스러운 이름을 가진 그녀의 고향은 중국이라고 했다. 어쩌다 알게 된 그녀는 오다가다 만난 사람 중 한 사람일 뿐인데, 머나먼 이국땅에서의 생활이 외로웠던지 묻지도 않았는데, 그녀의 고향에서는 그녀를 보춘화라 불렀다는 이야기까지 했다.

키는 작지만 화사하고 아름다운 그녀는 볼수록 신비한 매력이 숨겨진 묘한 여자였다. 불안할 만큼 투명한 그녀의 얼굴 때문만도 아닌데, 평범함 속에 숨겨진 조숙함 때문만도 아닌데, 촌스런 이름 때문에 첫 만남에서 나를 웃게 했던 그녀는 이상하게 나의 봄을 어지럽히고 있다.

동네 어른들은 그녀와 어울려 다니면 봄바람 난다고 그녀와 말 섞는 내게 눈총을 주지만, 볼수록 은은하고 청초한 느낌을 주는 매혹적인 그녀를 모른 채 할 수는 없었다. 그런 그녀에게도 표독스런 가시가 있다는 걸 안 건, 봄바람이 성가시게 불어대던 어느 날 저녁 무렵이었다. 자신을 지키기 위한 어쩔 수 없는 선택이었다 말하며, 선홍색 입술을 깨무는 그녀가 슬프도록 아름다웠다. 그때 처음 알았다. 어떤 이유로든 아름다움이 있는 것은 가시가 있는 것을, 그 가시가 있어 아무나 가까이 할 수 없는 도도함까지 갖춘다는 것을.

흔한 이름 때문인지 못 본 동안 잊고 있었던 그녀가 한 장의 엽서처럼 불쑥 가슴에 날아든 건, 그녀를 못 본 지 달포쯤 지난 어느 날 오후였다. 사랑만 하고 살겠다던 그녀가 한 번 본 남자를 따라 서울로 시집갔다는 소식은 적잖은 충격이었다. 그녀와 내가 무슨 로맨스가 있었던 것도 아닌데, 터질 듯 터질 듯 피어나던 그녀의 미소가, 물먹은 볼처럼 통통한 그녀의 얼굴이 눈앞에 아른거려, 그만 나도 선홍색 입술을 깨물고 말았다. 찬란한 나의 봄은 그렇게 그녀로부터 왔다 지고 있었다.

3

명자나무는 생육 환경이 좋으면 높이 2m까지 자라는 낙엽활엽관목이다. 처녀꽃이나 아가씨꽃으로 불릴 정도로 대단한 매력을 자랑하는 꽃은 화려한 모습을 감추지 않는다. 꽃은 3월 하순이나 4월 초순에 잎이 나오면서 가지 끝에서 피기 시작해, 5월까지 끊임없이 지속적으로 이어진다. 5장의 꽃잎이 모여 지름

서울여자대학교

경상대학교

2~4cm의 홑꽃을 이루는데, 색깔은 빨간색·분홍색·주황색·흰색 등으로 매우 다양하고 화려하다.

같은 나무에 여러 색깔의 꽃이 함께 피기도 하고, 꽃 하나에 여러 색깔의 꽃잎이 섞여 나타나기도 한다. 꽃자루는 짧아 가지에 바로 붙어 꽃이 피는 듯한 느낌이다.

그런데 아가씨꽃이라서 주변을 맴도는 사내가 많은 탓일까? 가운데 암술에 비해 주위를 에워싸는 수술의 수는 상당히 많은 편이다. 대부분의 꽃이 그렇듯이 양성평등을 완전히 뛰어 넘는 여존남비(女尊男卑)의 대단한 꽃이다.

『들꽃 편지』의 저자 백승훈(1957~)은 「명자나무꽃」에서 명자꽃을 이렇게 묘사했다.

벚꽃 피니 / 백목련꽃 피고

벚꽃 지니 / 목련꽃도 따라 집니다

행여 꽃잎 밟으면 / 봄도 그만 가버릴 것만 같아

까치발로 꽃나무 아래를 걸어 나올 때

생울타리 푸른 잎 사이로 / 배시시 웃으며 나를 반기는

명자꽃

수줍음 많던 / 첫사랑을 쏙 빼닮은

명자나무

183

백 시인은 명자꽃이 수줍음 많고 첫사랑을 쏙 빼닮았다고 하지만, 화려한 색깔의 꽃은 녹색 잎을 바탕으로 강한 색채의 대비 효과를 나타낸다. 잎은 긴 타원형으로 가장자리에는 잔잔한 톱니가 있다.

작은 모과를 무척 닮은 열매는 가을에 누렇게 익으며 진한 향기를 내뿜는다. 그런데 처녀꽃나무라서 그런 것일까? 변덕이 심한 아가씨 마음이 이런 것일까? 열매가 한창 익는 가을에도 예전에 못다 핀 화려한 꽃을 종종 드러낸다. 열매로는 술을 담그는데 매실주, 모과주와 함께 '3대 과일주'로 일컬어질 정도로, 술맛과 향기가 아주 좋다.

대부분의 꽃나무처럼 햇볕이 잘 드는 양지바른 곳에서, 꽃봉오리를 많이 맺고 화려하게 꽃이 핀다. 비교적 토질을 가리지는 않으나, 배수가 양호한 사질양토에서 잘 자란다. 비옥한 습윤지를 좋아하고 특히 건조에 약하므로, 다소 촉촉한 느낌이 들 정도의 적당한 습기를 항상 유지해야 한다.

여러 색깔로 화려하게 피는 꽃은 대단히 아름답다. 맹아력이 아주 강해 심하게 전정을 해도 새 가지가 잘 나온다. 특히 가지가 변해서 된 가시가 있어, 산울타리로 활용하기에 아주 좋은 나무다. 여러 그루를 모아 일정한 폭으로

거제 농업개발원

서울과학기술대학교

식재 사례

풀명자

군식을 하면, 회색의 콘크리트 담장을 대신하는 자연스런 모습의 꽃 피는 산울타리를 만들 수 있다. 대기오염을 비롯한 각종 공해에 다소 약한 것으로 알려져 왔으나, 서울의 동부간선도로 등 도로변에 잘 자라고 있는 식재 사례를 볼 수 있다.

4

명자나무(*Chaenomeles speciosa*)는 우리 자생종이 아니고 재배종이다. 이 나무와 함께 중국명자꽃(*Chaenomeles cathayensis*)과 명자나무 '니발리스'(*Chaenomeles speciosa* 'Nivalis')가 재배종으로 국가표준식물목록에 등재되어 있다.

자생종은 풀명자(*Chaenomeles japonica*)와 명자꽃 (*chaenomeles lagenaria*)이 있다. 이름이 풀명자라고 해서 초본(草本)의 풀이 아니다. 그리고 자생종인데 종명이 '자포니카(*japonica*)'라고 일본(Japan)에서만 자라는 것은 아니다. 같은 경우에 해당하는 동백나무(*Camellia japonica*)를 보면 이런 내용을 쉽게 이해할 수 있다.

풀명자는 명자나무보다 작게 자라고, 잎과 열매도 작은 나무다. 명자나무의 영명은 'Flowering

Quince', 풀명자는 'Lesser Flowering Quince'가 된다. 중국에서는 명자나무를 '貼梗海棠(첩경해당)', 풀명자를 '日本貼梗海棠(일본첩경해당)'이라고 한다.

요즘 분재용(盆栽用)으로 인기 있는 '장수매(長壽梅)'는 풀명자 계통으로, 장수매는 국명이 아니고 일반명이다. 가지가 변한 가시가 많이 생기고, 생육 환경이 좋고 관리를 잘하면 한 해에 여러 번 꽃이 피는 등, 분재용 나무로 여러 좋은 조건을 갖추고 있다. "작은 것이 아름답다"는 장수매와 아주 잘 어울리는 말이다.

명자나무
풀명자
장수매

모란의 꽃은 대단히 크고 아름답고 화려해서 꽃 중의 꽃이라 불리고

부귀영화를 상징하는 품격 높은 꽃이라 해서 부귀화라고도 한다

꽃 중의 꽃 모란

과명 **Paeoniaceae**(작약과)
학명 *Paeonia × suffruticosa*

목단, 牡丹, 花中王, 富貴花, 洛陽花, 穀雨花, 木芍藥, Tree Peony

1

모란이 피기까지는

나는 아직 나의 봄을 기다리고 있을 테요

모란이 뚝뚝 떨어져 버린 날

나는 비로소 봄을 여읜 설움에 잠길 테요

(…)

모란이 피기까지는

나는 아직 기다리고 있을 테요

찬란한 슬픔의 봄을

  누구나 한 번쯤은 읽었던, 1934년 잡지 『문학』에 발표한 영랑 김윤식 (1903~1950)의 「모란이 피기까지는」이다.

시어(詩語)로 새롭게 탄생한 '모란(Paeonia × suffruticosa)'은 봄의 막바지에 해당하는 4월 하순이나 5월 초순에 크고 아름답고 화려하게 꽃이 피는 낙엽활엽관목이다.

모란이라는 이름의 유래는 상당히 이해하기 어렵다. 그 이름은 뿌리에서 돋는 새순이 수컷의 모습이라고 해서 '수컷 모(牡)'와 붉은 꽃을 가리키는 '붉을 단(丹)'에서 유래했다고 한다. 이런 '모단(牡丹)'이 시간이 지나면서 발음하기 쉬운 지금의 '모란(牡丹)'으로 변한 것이다. 가축을 기른다는 '칠 목(牧)'의 '목단(牧丹)'이 변한 것이라고도 한다.

모란의 속명(Paeonia)은 나무를 처음 약으로 사용한 사람인 그리스 신화의 '파에온(Paeon)'에서 유래한 것이다. 이는 이 나무를 약재(藥材)로 사용할 수 있다는 것을 나타낸다. 종명(suffruticosa)은 '아관목(亞灌木)' 즉, '관목(灌木)과 초본(草本)의 중간쯤에 있는 식물'이라는 뜻이다. 그래서 이 나무를 풀(草)로 알고 있는 사람이 많다.

2

모란의 꽃은 대단히 크고 아름답고 화려해서, 꽃 중의 꽃이라는 '화중왕(花中王)', '화왕(花王)'이라는 별명이 생겼다. 신라의 설총(655~?)이 꽃을 의인화했다는 창작 설화 「화왕계(花王戒)」에서 모란은 모든 꽃들을 대표하는 왕으로 등장한다. 그리고 부귀영화를 상징하는 품격 높은 꽃으로 '부귀화(富貴花)'라고도 하는데, 이런 의미로 예복이나 이불에 모란꽃으로 화려하게 수를 놓는다. 곡우 무

순천 송광사

렵에 피므로 '곡우화(穀雨花)', 낙양으로 귀양을 갔기에 '낙양화(洛陽花)'라고도 한다. 이름과 관련된 믿기 어려운 이야기가 전해 온다.

"당나라의 측천무후(則天武后, 624~705)는 음탕하고 간악해 황위를 찬탈한 요녀(妖女)라는 질타와, 민생을 잘 살펴 나라를 훌륭히 다스린 여걸(女傑)이라는 칭송을 모두 받는 여자다.

그녀가 수도 장안(長安)에서 잔치를 벌이다 흥에 겨워 자신의 막강한 권력을 과시하고자 이렇게 명령했다. "여기 있는 모든 꽃들은 활짝 피어 나를 즐겁게 하라!" 측천무후의 명령에 따라 모든 꽃들이 활짝 피었으나, 오직 하나 모란만 꽃을 피우지 않았다. 그저 그런 꽃들과는 달리, 모란은 꽃 중의 꽃 '화왕(花王)'이자 기개 있는 품격의 '부귀화(富貴花)'였기 때문이다.

그녀는 자신을 무시한 모란을 낙양(洛陽)으로 내쫓았다. 그런데 낙양에 도착하자마자 모란은 보란 듯이 활짝 꽃을 피웠고, 이에 '낙양화(洛陽花)'라는 별명이 생겼다. 몹시 화가 난 측천무후는 당장 모란을 불 태워 없애 버리도록 명령했다. 모란의 줄기가 검은 것은 당시 불에 타 그슬린 흔적이다."

이런 황당한 이야기가 전해 오는 이유는 모란이 아름답고 화려하기도 하지만 품격 높은 아주 고귀한 꽃이기 때문이다. 이런 이유로 중국 사람들은 모란을 매화(梅花)와 함께, 나라를 대표하는 국화(國花)로 여겼다. 법률로 정한 공식적인 국화는 아니지만, 중국 사람들의 마음속에는 모란과 매화가 자기 나라를 상징하는 나라꽃으로 자리 잡고 있다. 우리도 무궁화(無窮花)를 중국의 경우처럼 법률로 정한 공식적인 국화는 아니지만, 오랫동안 마음속에 대한민국을 상징하는 나라꽃으로 여기고 있다.

조선 중기의 문신이자 송강 정철(1536~1593)의 스승인 석천 임억령(1496~1568)은 '꽃 중의 꽃' 모란에다 이런 시를 남겼다.

명 화 조 임 하 明花照林下	모란꽃 피니 숲을 환희 비추는 듯
만 자 총 여 대 萬紫摠與臺	온갖 꽃들은 그만 아래로 보이네
지 공 풍 취 진 只恐風吹盡	그저 바람에 떨어지면 어쩌나 하여
교 아 진 일 배 敎兒進一盃	아이더러 술 한 잔 올리라 하였네

지금 우리나라에 자라고 있는 외래종이나 귀화종은 들어온 시기를 정확히 알 수 없는 경우가 대부분이다. 그러나 중국 원산인 모란이 우리나라에 들어

창덕궁 낙선재
경복궁 건청궁

창덕궁 낙선재

경복궁 함원전
국립중앙박물관 화계

온 시기는 『삼국사기』와 『삼국유사』에 명확하게 기록되어 있다.

『삼국유사』의 「선덕왕지기삼사(善德王知幾三事)」에는 우리나라 최초의 여왕인 선덕여왕(재위 632~647)의 모란에 관한 내용이 있다.

선덕여왕이 즉위하던 해인 632년에, 당나라 태종이 신라 왕의 즉위를 축하한다며 흰색, 자주색, 빨간색의 모란꽃을 그린 그림(모란도牡丹圖)과 씨(종자種子) 3되를 보내 왔다. 이 그림을 본 선덕여왕은 "이 꽃은 향기가 없는 꽃이다"라고 했다.

씨를 심어 나중에 꽃이 피니, 여왕의 말대로 향기가 없었다. "꽃에 나비가 없으니 향기가 없는 꽃이고, 나비를 그리지 않은 것은 당 태종이 남편 없는 나를 조롱한 것이다"라고 했다. 사람들은 여왕의 지혜로움에 감탄을 금치 못했다.

어떤 사람들은 당 태종이 세 가지 모란을 그린 것을 선덕(善德), 진덕(眞德), 진성(眞聖) 세 여왕으로 해석해, 신라 세 여왕의 등극을 미리 예측한 당 태종의 혜안과 예지력에 높은 점수를 주기도 한다.

예나 지금이나 여자가 나라를 다스리는 것은 무척이나 어려운 모양이다. 당대의 실력자 김유신과 김춘추가 여성 군주인 선덕여왕의 통치를 돕기 위해, 여왕의 지혜로움을 과장해서 만든 이야기라고도 한다. 여왕 때보다는 아주 어렸을 때 이런 이야기를 했다면, 총명하고 더 지혜로운 사람이라 여겼을 것이다. 『삼국사기』에는 진평왕(재위 579~632) 때인 여왕의 어릴 적, 덕만공주 시절의 이야기라 기록되어 있다.

그런데 선덕여왕이 말한 것처럼 모란꽃은 과연 향기가 없을까? 지혜로운 여왕의 말이라고 다 맞는 건 아니다.

흔히 모란의 향기는 깊이 들이 마실 때 비로소 느낄 수 있는, '이상야릇하게 좋은 향내'라는 뜻으로 '이향(異香)'으로 표현한다. 매화의 향기는 '그윽하게 느껴지는 향내'라는 '암향(暗香)'으로 종종 묘사된다. 그런데 실제는 일부러 깊이 들이 마시지 않아도 모란의 향기를 쉽게 느낄 수 있다. 다만 이상야릇하게 좋은 향내인지는 각자의 판단에 맡길 따름이다.

3

여왕의 모란도(牡丹圖)에 나비가 없는 이유는 이렇게 설명한다. 나비는 한자를 '접(蝶)'으로 쓴다. 이 '나비 접(蝶)'은 80세를 뜻하는 '늙은이 질(耋)'과 발음이 비슷해, 나비는 80세 늙은이를 뜻하기도 한다. 이는 "중국 사람들이 유독 숫자 8을 좋아하는 이유가 숫자 '8(八)'의 발음이 부자 '부(富)'의 발음과 비슷하기 때문이다"는 것과 같은 맥락이다.

모란은 불로장생과 부귀영화를 상징하는 꽃이다. 모란도에서는 모란꽃과 함께 그려진 기묘하게 생긴 괴석(怪石)을 흔히 볼 수 있다. 괴석을 바탕으로 탐스럽게 어우러지며 피어나는 모란꽃 그림이 대부분이다. 세월이 흘러도 항상 변치 않는 모습을 보이는 괴석은 '십장생(十長生)'의 하나로 불로장생을 상징한다.

반면 모란도에 80세 늙은이를 뜻하는 나비를 같이 그려 넣는 것은 영원히 누려야 할 불로장생과 부귀영화를 80세 나이로 한정하는 의미로 해석될 수 있다. 그래서 꽃을 그린 그림에는 대개 꽃과 어울리도록 나비를 같이 그려 넣지만, 모란을 그린 그림에는 대개 나비를 그리지 않는다.

그런데 일본 문화에서 유래한 '화투(花鬪)'를 보면, 6월을 나타내는 그림은 모란이고 나비가 함께 그려져 있다. 우리나라에서는 대체로 4월 하순이나 5월 초순에 피는 모란이 6월을 대표하고, 모란도에 잘 그리지 않는 나비를 함께 그린 것이 선뜻 이해되지 않는다.

일본 사람들은 '꽃 중의 꽃' 모란을 특히 좋아한다. 그래서 사계절 내내 모란꽃을 즐길 수 있도록 완벽한 재배 조건을 갖춘 시설을 만드는 한편, 오래전부터 계절에 구애받지 않고 꽃이 피는 새로운 품종을 끊임없이 개발해 왔다.

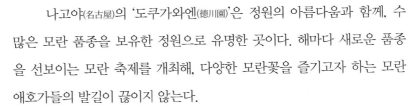

시마네(島根)현 마쓰에(松江)의 일본 정원 '유시엔(由志園)'에는 모란 전용 건물인 '모란관(牡丹の 館)'이 별도로 있다. 그곳에서는 세찬 눈발이 흩날리는 매서운 한겨울에도, 화려하게 핀 모란을 따뜻한 실내에서 여유롭게 완상할 수 있다. 10월 중순에서 2월 하순까지 핀다는 여러 품종의 '한모란(寒牡丹)'을 즐길 수 있다.

나고야(名古屋)의 '도쿠가와엔(德川園)'은 정원의 아름다움과 함께, 수많은 모란 품종을 보유한 정원으로 유명한 곳이다. 해마다 새로운 품종을 선보이는 모란 축제를 개최해, 다양한 모란꽃을 즐기고자 하는 모란 애호가들의 발길이 끊이지 않는다.

새로운 품종이 지속적으로 개발된 일본에서는 이미 모란은 4월이나 5월의 개화기에 한정되는 꽃이 아니다. 그들이 즐기는 화투에 모란이 계절에 구애받지 않고 6월을 대표하는 꽃으로 등장하는 이유가 여기에 있다. 그리고 화투 그림은 기본적으로는 그 달을 대표하는 동식물이나 자연 경치를 나타내지만, 우리와 달리 일본인들은 동식물이 갖는 의미나

도쿠가와엔

상징에는 별다른 뜻을 부여하지 않는다고 한다.

　화투의 모란 그림은 우리 모란도가 의미하는 불로장생이나 부귀영화를 상징하는 게 아니다. 단지 6월을 대표하는 아름다운 모란꽃과 그 주변을 자연스럽게 날아다니는 나비의 모습을 묘사한 것에 지나지 않는다. 이런 화투를 보면, 겉으로 드러난 외면의 모습보다는 속에 담겨진 내면의 의미를 한층 새기는 사려 깊은 사람들은 화투를 멀리해야 한다.

4

「모란이 피기까지는」의 주제이자 소재로 등장하는 모란은 봄의 절정을 마무리하는 꽃이다. 그 화려했던 절정의 순간을 마지막으로 장식하는 모란이 지는 날이면, 누구나 봄을 잃을 수밖에 없다. 이 서정시에서 절정의 순간은 결국 봄과 모란을 함께 상실하는 순간이다. '상실과 소멸의 미학'이라는 이런 절정의 극치를, 영랑은 '찬란한 슬픔의 봄'이라는 역설적인 표현을 사용했다.

　「모란이 피기까지는」에서 모란은 영랑이 갖

고자 한 소망과 그 이면의 절망을 동시에 형상화하고 있다. 소망과 절망이 공존하는 것이 삶 자체임을 깨닫는 한편, 그러한 삶에 대한 영랑의 집념과 의지를 나타내고 있다.

영랑 김윤식은 구수한 남도 사투리를 문학적인 시어로 표현하는 데 탁월한 감각을 지닌 향토색 짙은 시인이다. 현대 문학사를 빛낸 순수 서정시의 대가로 인정받고 있는데, 일생 동안 발표한 주옥같은 시 86편 중 60여 편이 전남 강진에 있는 생가에서 쓴 것이다. 창씨개명과 신사참배를 거부하며 단 한 줄의 친일 문장도 쓰지 않은, 고집스런 민족 시인이자 독립운동가로 추앙받고 있다.

강진의 '영랑생가(永郎生家)'를 찾는 사람들은 단순한 생가 구경에 그치지 않고, '영랑의 모란향 머금은 찬란한 사계절 모란 이야기'를 들을 수 있다. 이야기는 찬란한 봄을 기다렸던 시인의 애틋함을 새긴 시비(詩碑)로 시작된다. 생가에 들어서면 안채·사랑채·문간채를 비롯해, '마당 앞 맑은 새암을'의 소재였던 샘과 '동백잎에 빛나는 마음'의 주인공인 동백나무를 만난다. 시에 등장하는 장소나 무대를 몸소 체험할 수 있다.

모란꽃은 대단히 아름답고 화려하지만, 개화 기간은 5~7일 정도로 아주 짧은 편이다. 강진군으로서는 생가를 찾는 관광객에게 다양한 볼거리를 제공하고, 특정 계절에 한정되지 않는 사계절 관광지가 되기 위한 전략이 필요했다.

생가 주변은 '세계 모란공원'이라는 주제 공원(Theme Park)을 조성해 영랑과 모란이 갖는 장소성과 상징성을 표출하고 있다. 유리 온실로 사계절 내내 모

고양 호수공원

강진 영랑생가

모란왕

란꽃을 감상할 수 있는 '사계절 모란원', 중국·일본·미국·영국·독일·프랑스·네덜란드 등 세계 각국의 모란을 전시하고 있는 '세계 모란원', 우리나라 모란을 전시하고 있는 '한국 모란원', 그리고 전망대를 비롯해 여러 조각상과 시비, 연못과 폭포 등이 공원을 구성하는 주요 시설이다.

모란꽃과 잎을 형상화하여 내부공간을 조성한 사계절 모란원에는 연중 모란꽃을 즐길 수 있도록 재배 기술을 연구 개발하고 있다. 2016년 특허청에 '영랑모란'(출원번호: 40-2015-0059149)으로 상표 등록하는 등, 모란의 6차 산업화에도 노력하고 있다.

한국 모란원에는 전국 각지에서 기증받은 갖가지 모란과 아울러, 우리나라의 모든 모란을 대표한다는 의미로 '모란왕'으로 이름을 붙인 모란이 있다. 경북 경주의 양반집 고택에서 이곳에 새로이 자리를 잡은 모란왕은, 나무높이와 수관폭이 각각 2m 정도에 이르고, 수령은 약 350년으로 우리나라에서 가장 오래된 모란으로 추정하고 있다.

모란

작약

모란을 이야기하면서 '작약(芍藥, *Paeonia lactiflora*)'을 빼놓을 수 없다. 모란과 작약에는 애틋한 이야기가 전해 온다.

"옛날 이웃 나라 왕자와 사랑에 빠진 공주가 있었다. 전쟁이 일어나서 왕자는 싸움터로 떠났다. 그런데 전쟁이 끝났는데도 왕자는 돌아오지 않았고 공주는 왕자를 애타게 기다렸다. 기다림에 지친 공주는 어느 날 떠돌이 악사의 노래를 들었는데, 왕자가 전쟁에서 죽어 모란이 되었다는 슬픈 노래였다.

사랑하는 임을 잃은 공주의 슬픔은 헤아릴 수 없이 컸고, "저도 왕자님을 따라 꽃이 되게 해주세요!"라고 간절히 기도했다. 공주의 정성이 하늘에 닿아 공주는 작약으로 변했고, 모란과 함께 나란히 지내게 되었다. 그래서 모란 왕자가 질 무렵에 작약 공주는 바로 따라서 피는 것이다."

둘 다 작약속(Genus *Paeonia*)에 속하지만 모란은 목본(木本)의 나무, 작약은 초본(草本)의 꽃이다. 이런 이유로 모란을 '목작약(木芍藥)'이라고도 한다. 겨울

서울 선정릉

신구대학교 식물원

산청 남사마을

김해 봉하마을

이 되면 낙엽활엽관목(落葉闊葉灌木)인 모란은 잎이 떨어지고 줄기와 뿌리는 살아 있지만, 여러해살이(다년생多年生) 꽃인 작약은 뿌리는 살아 있으나 잎과 줄기는 말라 죽는다.

이듬해 봄이 오면 모란은 살아 있는 줄기에서 바로 잎이 나고 꽃이 피지만, 작약은 뿌리에서 줄기가 새로 자라서 잎이 나오고 꽃이 핀다. 따라서 작약의 개화 시기가 모란보다 늦을 수밖에 없다. 대개 모란이 지면 작약이 뒤이어 피므로, 모란과 작약을 적절히 배식하면 꽃을 즐기는 기간을 한층 연장할 수 있다. 경복궁 아미산(峨眉山)과 창덕궁 낙선재(樂善齋)를 비롯한 궁궐의 화계(花階)에는 실제로 이런 식재 기법을 적절히 활용하고 있다.

품종에 따라 차이가 있으나, 꽃의 크기는 지름 15cm 정도의 모란이 작약보다 크다. 모란의 꽃잎은 8장 이상으로 종이를 꾸겼다가 편 것처럼 쭈글쭈글한 반면, 작약은 마치 다림질을 한 듯 매끄럽게 펴져 있다. 모란꽃은 가운데 암술과 주위의 수술이 뚜렷이 구분돼 보이는데, 작약꽃은 3~5개의 암술을 많은 수술이 안으로 뒤덮고 있어 대부분 노란 수술만 보인다.

그런데 이렇게 꽃으로 구별하기보다는 잎으로 구별하는 것이 훨씬 쉽다는 사람이 많다. 모란의 잎은 오리발 모양으로 3갈래로 갈라지고 윤기가 없지만, 작약은 다소 갸름한 형상으로 갈라지지 않고 윤기가 있다. 모란은 잎이 잎자루의 양쪽에 새의 깃 모양으로 달리는 '우상복엽(羽狀複葉, pinnately compound leaf)'인데 반해, 작약은 잎자루에 3개의 잎이 모여 있는 '삼출엽(三出葉, trifoliolate leaf)'이다.

그러나 이런 명확한 구분과는 달리, 실제는 서로 섞여 나오는 경우가 많아 초보자는 혼란스러울 뿐이다. 열매의 모습은 비슷하나 모란의 열매는 황갈색

牡丹

Paeonia suffruticosa Andr

　　被誉为"花中之王"，是"中国十大名花"之一，花期6月下旬至7月初，根皮可入药。主要功效：镇静、降温、解热、镇痛、解痉等中枢抑制作用及抗动脉粥样硬化、利尿、抗溃疡等作用

芍药

Paeonia lactiflora Pall

　　芍药科芍药属，多年生草本植物。主要分布于江苏、东北、华北、陕西及甘肃南部，被人们誉为"花仙"和"花相"，是"中国十大名花"之一，花期5月至6月，根可入药。主要功效：平肝止痛，养血调经，敛阴止汗。用于头痛眩晕，胁痛，腹痛，四肢挛痛，血虚萎黄，月经不调，自汗，盗汗。

작약(왼쪽)이 피면 모란(오른쪽)은 열매를 맺는다

모란

작약

털이 밀생하고, 작약은 털이 없고 반질반질하다.

작약의 '작(芍)'은 '함박꽃 작(芍)'이고, '약(藥)'은 속명(*Paeonia*)이 의미하는 '약 약(藥)'이다. 작약은 뿌리를 약재로 쓰는 대표적인 약용 식물로, 몸에 좋다는 쌍화탕의 주 재료가 작약의 뿌리다.

원래 약용 식물인 작약은 꽃도 대단히 아름답기 때문에, 아주 오래전부 터 관상의 목적으로도 즐겨 심어 왔다. 모란보다 더 오래되었다는 기록이 있 다. 요즘은 약용보다는 생활공간을 아름답게 꾸미는 관상용으로 주로 활용 하고 있다. '십리대숲'으로 널리 알려진 울산광역시의 태화강국가정원에는 약 10,000m² 규모의 '작약원'이 별도로 조성되어 있다. 12종류의 작약이 식재 되어 있는데, 우리나라에서 가장 큰 관상 목적의 작약원이다.

작약은 붉게 피는 꽃이 대부분이나 품종에 따라 분홍색, 흰색, 노란 색 등 매우 다양하게 나타난다. 생육 환경은 배수가 양호하고 비옥한 사질양토에 약간 그늘이 지는 곳이 좋다. 특히 건조한 곳을 싫어하므로 항상 적당한 습기를 유지하도록 토양 관리에 유의해야 한다.

6

뿌리가 같은 배달의 한민족이지만, 남과 북이 같은 꽃과 나무를 서로 다른 이 름으로 부르고 있다. 북한에서는 작약을 '함박꽃'이라 한다. 함지박처럼 풍성 하고 탐스러운 꽃이 환하게 피기 때문에 이런 이름이 생긴 것이다.

한편 목련속에는 함박꽃이 피는 나무라는 '함박꽃나무(*Magnolia sieboldii*)'가

약용 재배 작약원
태화강국가정원 작약원

경복궁 아미산

창덕궁 낙선재

함박 필 작약 꽃봉오리

있다. 이 함박꽃나무를 북한에서는 난(蘭) 향기의 꽃이 피는 나무(木)라는 '목란 (木蘭)'으로 부르고 있다. 이 목란은 현재 북한을 상징하는 국화(國花)로, 우리의 나라꽃 무궁화(*Hibiscus syriacus*)에 해당하는 나무다.

작약속에 자생종은 작약(*Paeonia lactiflora*)을 비롯해, 산작약(*Paeonia obovata*), 백작약(*Paeonia japonica*), 털백작약(*Paeonia japonica* var. *pillosa*), 민산작약(*Paeonia japonica* var. *glabra*), 참작약(*Paeonia lactiflora* var. *trichocarpa*), 민참작약(*Paeonia lactiflora* f. *nuda*) 등이 등재되어 있다.

재배종은 모란(*Paeonia* × *suffruticosa*)을 비롯해, 모란 '렌카쿠'(*Paeonia* × *suffruticosa* 'Renkaku'), 고사리작약(*Paeonia tenuifolia*), 유럽작약(*Paeonia officinalis*), 록키모란(*Paeonia rockoii*), 모란 '골든 바니티에'(*Paeonia* 'Golden Vanitie'), 작약 '프레리 문'(*Paeonia* 'Prairie Moon') 등이 등재되어 있다.

목련속(Genus *Magnolia*)

1

'목련(木蓮)'은 연꽃(蓮)이 피는 나무(木)다.

　이런 뜻을 가진 목련이라는 이름은 소나무의 경우처럼, 모든 목련류를 통칭하는 일반명이기도 하면서 특정 나무(種種)를 지칭하는 국명이다.

　이름에 걸맞게 목련속(Genus *Magnolia*) 나무들은 꽃이 '연꽃(*Nelumbo nucifera*)'을 무척 닮았다. 아름다운 연꽃이 피는 이 나무들은 우아한 수형에다 향수의 원료로 사용될 정도로 꽃향기도 매우 좋아, 아주 오래전부터 관상의 목적으로 전 세계적으로 심어 왔다.

　속명(*Magnolia*)은 몽펠리에(Montpellier) 왕립 식물원장을 지낸 프랑스의 식물학자 '마뇰(Pierre Magnol, 1638~1715)'에서 유래한 것이다.

2

목련속 나무들은 세상에서 가장 오래된 식물 종의 하나다. 5천 6백만~3천 4백만 년 전의 신생대(新生代, Cenozoic Era) 시신세(始新世, Eocene Epoch) 화석에 나타나

지금까지 남아 있어, '살아 있는 화석'이라 불릴 만큼 원시적인 식물이다. 이 시기는 벌과 나비가 없었던 시절로, 딱정벌레가 열매를 맺게 하는 수분곤충(受粉昆蟲)이었다. 목련속 나무들은 꽃 속의 단단한 꽃술이 특징이다. 이는 딱정벌레가 꽃술 사이를 헤집고 다녀도 망가지지 않도록 꽃술이 딱딱하게 발달한 것이다.

전 세계적으로 약 240여 종이 분포하며, 품종으로는 1,000여 종류가 있는 것으로 알려져 있다. 우리 국가표준식물목록에는 300여 종류가 등재되어 있는데, 자생종은 거의 없고 재배종이 대부분이다.

꽃 색깔은 흰색을 기본으로, 품종에 따라 적자색·보라색·자주색·분홍색·노란색 등으로 매우 다양하게 나타난다. 따라서 이 나무들을 적절히 배식하면 식재공간의 색감(色感)을 아주 풍요롭게 연출할 수 있다. 식재계획을 수립하는 경우 목련속 나무들은 빼놓을 수 없는 나무가 된다.

우리 조상들도 대단히 좋아하고 가까이 했던 나무였다. 예부터 많은 문인과 묵객들이 이 나무의 아름다움을 시나 시조로 읊었고, 병풍과 족자에 그림으로 남겼다. 꽃과 향기가 좋아 아주 오래전부터 우리 생활공간에 즐겨 심었던 나무였다.

3

현재 우리가 즐겨 심는 목련속 나무들은 목련(*Magnolia kobus*), 백목련(*Magnolia denudata*), 자목련(*Magnolia liliflora*), 별목련(*Magnolia stellata*), 일본목련(*Magnolia obovata*), 태산목(*Magnolia grandiflora*), 함박꽃나무(*Magnolia sieboldii*)다. 이 중에서 목련과 함박꽃나무가 우리나라에 자라는 자생종이고, 나머지는 모두 중국이나 미국 등에서 들어온 재배종이다.

서양의 식물학자들이 한라산에 자생하는 우리 목련(*Magnolia kobus*)을 자기 나라로 가져가, 목련 '에스벨트 셀렉트'(*Magnolia kobus* 'Esveld Select')나 목련 '노르만 굴드'(*Magnolia kobus* 'Norman Gould')와 같은 품종을 만들었다. 요즘은 우리가 이를 비싼 로열티를 주고 역수입해 우리 땅에 심어야 하는 실정이니, 우리 것을 지키지 못했다는 아쉬움과 안타까움이 매우 크다.

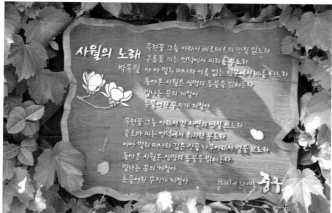

사월의 노래

박목월

목련꽃 그늘 아래서 베르테르의 편지 읽노라
구름꽃 피는 언덕에서 피리를 부노라
아아 멀리 떠나와 이름 없는 항구에서 배를 타노라
돌아온 사월은 생명의 등불을 밝혀든다
빛나는 꿈의 계절아
눈물어린 무지개 계절아

목련꽃 그늘 아래서 긴 사연의 편지 쓰노라
클로바 피는 언덕에서 휘파람 부노라
아아 멀리 떠나와 깊은 산골 나무아래서 별을 보노라
돌아온 사월은 생명의 등불을 밝혀든다
빛나는 꿈의 계절아
눈물어린 무지개 계절아

HEART of SEOUL 중구

목련 '아테네'(*Magnolia* 'Athene')

목련 '벌컨'(*Magnolia* 'Vulcan')

목련 '조지 헨리 컨'(*Magnolia* 'Georgy Henry Kern')

목련 '컬럼나 핑크'(*Magnolia* 'Columnar Pink')

큰별목련 '레오너드 메셀'(*Magnolia* × *loebneri* 'Leonard Messel')

4

'푸른 눈의 한국인', '한국인보다 더 한국을 사랑한 사람' 민병갈(Carl Ferris Miller, 1921~2002) 원장이 '나무가 주인인 수목원'을 지향하며 평생의 노력으로 설립한, 우리나라 최초의 사립 수목원인 '천리포수목원'은 원래 목련으로 유명한 수목원이다. 민 원장은 목련을 특히 좋아했던 어머니에 대한 기억을 떠올리며, 수목원에 여러 종류의 목련을 심었던 것이다.

태안해안국립공원에 자리한 '서해안의 푸른 보석' 천리포수목원은 세계 여러 나라에서 수집한 700여 종류의 목련을 비롯해, 15,800여 종류 이상의 다양한 식물들을 보유하고 있다.

봄에는 '민병갈이 사랑한 목련 축제'를 개최하는 한편, 1997년의 제34회 국제목련학회와 2020년의 제57회 국제목련학회와 직접 연관된 '목련동산', 노약자나 교통약자들도 편리하게 관람할 수 있는 다함께 나눔길의 '목련길' 등, 목련과 연관된 다양한 시설이 있다. 그리고 수목원 소식지의 이름이 '목련이'와 '목련 레터'였을 정도로 목련으로 특화된 수목원이다.

「수목원의 조성 및 진흥에 관한 법률」이 「수목원·정원의 조성 및 진흥에 관한 법률」로 바뀌고, 정원의 중요성이 점차 부각되는 추세에 따라, 세계에서 가장 유명한 목련 수목원이면서 아름다운 정원을 동시에 지향한다는 생각을 담아, 지금은 소식지의 이름을 '가든 레터(Garden Letter)'로 바꿨다.

목련속

229

목련 '라즈베리 아이스'(*Magnolia* 'Raspberry Ice')

목련 '트리베 홀먼'(*Magnolia* 'Treve Holman')

가장 인기 있는 조경수의 하나로 사랑받는 목련속 나무들은 현재 나무 이름이 뚜렷한 구분 없이 혼용된 채로 불리고 있어 아주 혼란스럽다. 조경공사 현장에서는 이런 목련속 나무들을 서로 구분하지 않고 식재하는 경우가 많다. 엄연히 다른 나무인 목련과 백목련을 구분하지 않을 뿐 아니라, 백목련을 목련으로 알고 식재하는 경우는 아주 흔하다. 거의 모든 사람들은 자주목련을 자목련으로, 잘못 알고 있는 실정이다.

따라서 목련속 나무들의 정확한 나무 이름과 수종 간의 구분을 명확히 하는 것이 시급하다. 이러기 위해서는 무엇보다도 먼저, 나무 이름은 일반명이나 향명보다는 정확한 국가표준식물명인 국명을 사용해야 한다.

이들에 대한 분류학적 기준을 정리하면 다음과 같다.

1. 잎이 상록이다 ━━━━━━━━━━━━━━━━━━━━━━━━━ 태산목

2. 잎이 낙엽이다 ━━━━━━━━━━━━━━━━━━━━━━━━━ 3

   3. 꽃이 잎보다 늦게 핀다 ━━━━━━━━━━━━━━━━ 4

   3. 꽃이 잎보다 빨리 핀다 ━━━━━━━━━━━━━━━━ 5

4. 꽃이 밑으로 향한다 ━━━━━━━━━━━━━━━━━━━━ 함박꽃나무

4. 꽃이 위로 향한다 ━━━━━━━━━━━━━━━━━━━━━━ 일본목련

   5. 꽃잎이 흰색이다 ━━━━━━━━━━━━━━━━━━━━ 6

   5. 꽃잎이 자색이다 ━━━━━━━━━━━━━━━━━━━━ 8

6. 꽃잎이 흰색이며 6~9장이다 ━━━━━━━━━━━━━━ 7

6. 꽃잎이 흰색 또는 연한 홍색이며 9~18장이다 ━━━━ 별목련

   7. 꽃잎이 흰색이며 9장이다 ━━━━━━━━━━━━━━ 백목련

   7. 꽃잎이 흰색으로 밑 부분에 붉은 줄이 있고 6~9장이다 ━━ 목련

8. 꽃잎의 바깥쪽은 진한 자색, 안쪽은 연한 자색이다 ━━━ 자목련

8. 꽃잎의 바깥쪽은 붉은 자색, 안쪽은 흰색이다 ━━━━━ 자주목련

백목련이 서양의 화려함이라면 목련은 동양의 수수함이다

꽃향기도 백목련은 강렬하고 자극적이지만 목련은 은은하고 기품있는 내음을 풍긴다

희고 순결한 그대 모습 목련

과명　Magnoliaceae(목련과)
학명　*Magnolia kobus*

산목련, 개목련, 고부시, 木蓮, 辛夷花, Kobus Magnolia

1

오 내 사랑 목련화야 / 그대 내 사랑 목련화야

희고 순결한 그대 모습 / 봄에 온 가인과 같고

추운 겨울 헤치고 온 / 봄 길잡이 목련화는

새 시대의 선구자요 / 배달의 얼이로다

조영식 작사, 김동진 작곡의 가곡 「목련화(木蓮花)」다. 추운 겨울을 헤치고 온, 봄의 길잡이 목련화는 생강나무·산수유·진달래·개나리와 함께, 봄이 왔음을 알리는 대표적인 꽃나무 '목련(木蓮)'의 '꽃(花)'이다.

　　그런데 사람들이 대부분 목련으로 알고 있는 나무는, 사실 '목련(*Magnolia kobus*)'이 아니고 '백목련(*Magnolia denudata*)'이다.

꽃보다 꽃나무 조경수를 만나다

목련

백목련

자세히 눈여겨보지 않으면 목련(木蓮)과 백목련(白木蓮)을 구별하기가 쉽지 않다. 우리 주변에는 목련보다 백목련이 훨씬 많이 있기 때문에, 나무 모습과 특성이 비슷한 백목련을 목련으로 알고 있는 경우가 많다. 식물분류학을 전공했거나 나무에 특별한 관심을 가진 사람이 아니면, 굳이 목련과 백목련을 서로 구별해 부를 필요가 없다. 그리고 백목련보다는 목련이라 부르기가 훨씬 편하고 쉽다.

　목련은 한라산에 자라는 우리 자생종(自生種)이고, 백목련은 오래전 중국에서 들어온 재배종(栽培種)이다. 사람들은 대부분 백목련을 목련으로 알고 있다. 주변에서 흔히 보는 것은 목련이 아니고 백목련이다. 우리 토산품인 목련이 수입품에 해당하는 백목련에 밀린 격이다.

　가곡 「목련화」는 '새 시대의 선구자요 배달의 얼'이라고 했으니, 목련화는 중국에서 들어온 백목련이 아니고 우리 땅에서 자라는 목련이라야 마땅하다. 그런데 당시 이런 엄격한 구분을 알고 노래를 만들지는 않았을 것이다.

2

목련과 백목련은 대개 꽃으로 구분한다.

　백목련은 꽃 한 송이를 이루는 꽃잎이 9장이다. 목련은 분류학적으로는 6～9장이라 하나, 대부분 6장의 꽃잎이 모여 꽃 하나를 이룬다. 꽃잎의 색깔은 둘 다 흰색이다. 그러나 완전히 하얀 백색보다는 '노랑이 약간 도는 흰색'이나 '아주 연한 황백색(黃白色)'이라 해야 보다 더 적절한 표현이다. '아이보리(Ivory)'의 상아색(象牙色)'으로 표현하기도 한다. 한편 목련은 백목련에 비해 꽃잎의 밑 부분에 진한 분홍색 줄이 뚜렷하게 나타나는 게 특징이다.

꽃의 크기는 대개 넓은 꽃잎을 가진 백목련이 좁은 꽃잎의 목련보다 더 크다. 개화 시기는 거의 같다고 볼 수도 있으나, 백목련이 목련에 비해 3~4일 정도 일찍 핀다. 목련은 활짝 피면 꽃잎이 많이 벌어지면서 뒤(바깥)로 완전히 젖혀지는 반면, 백목련은 넓은 꽃잎이 활짝 피어도 벌어진 상태를 어느 정도 유지한 채 완전히 젖혀지지 않는다.

시인 나태주(1945~)는 「풀꽃」에서, "자세히 보아야 예쁘다. 오래 보아야 사랑스럽다. 너도 그렇다"라고 했다.

"자세히 보아야 구별한다. 오래 보아야 잊지 않는다. 목련과 백목련도 그렇다."

3

목련은 한라산에서 해발 200~1,300m의 다소 습한 곳에 분포하는데, 집중적으로 자라고 있는 '교래곶자왈'에서는 높이 20m, 근원직경 80cm까지 아주 크게 자란다. 우리 자생종이라고 해서 우리나라에서만 자라는 나무가 아니다. 한라산에서만 자라는 우리와 달리, 일본에서는 남쪽 규슈(九州)에서 북쪽 홋카이도(北海道)까지 전 지역에 분포한다. 제주도와 일본 열도가 이 나무의 원산지인데, 우리보다는 일본에서의 분포가 훨씬 넓다.

가나자와

후라노
나고야

241

종명(*kobus*)은 일본어 'こぶし(고부시)'에서 유래한 것이다. 고부시(こぶし)는 '주먹'을 뜻하는데, 이 나무의 열매가 주먹 모양이라는 데에서 나온 것이다. 어떤 사람들은 꽃 피는 모양이 주먹을 쥐었다 펴는 모습과 닮았다고 하는데, 열매가 주먹 모양이라는 주장이 한층 더 솔깃하게 들린다.

이런 내용은 사실 목련에게만 해당하는 것이 아니다. 목련속 나무들은 모두 주먹 모양의 열매를 맺는다. 여러 개의 씨방으로 이루어진 열매는 익으면 벌어져, 씨가 밖으로 완전히 드러나는 '골돌과(蓇葖果, follicle)'다.

국가표준식물목록에 자생종은 목련(*Magnolia kobus*), 재배종은 목련 '에스벨트 셀렉트'(*Magnolia kobus* 'Esveld Select')와 목련 '노르만 굴드'(*Magnolia kobus* 'Norman Gould'), 그리고 목련 '투 스톤'(*Magnolia kobus* 'Two Stone')이 등재되어 있다.

4

조경공사 현장에서는 목련을 '고부시'나 '고부시목련'으로, 그리고 백목련을 '목련'으로 부르는 경우가 많다. 목련과 백목련을 서로 구분하지 않고 식재하는 경우도 아주 흔하다. 대부분 주변에서 흔하게 보는 백목련을 목련으로 알고 있다.

목련은 주로 산(山)에 자라므로 '산목련', 야생(野生)을 강조해

 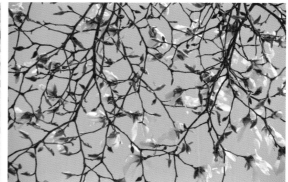

신이(辛夷)

'개목련'이라고도 한다. 그런데 우리 산에 자라는 자생종 '함박꽃나무(*Magnolia sieboldii*)'도 '산목련'이라고 한다. 그래서 산목련이라고 하면 목련과 함박꽃나무 모두를 가리키는 이름이 된다. 따라서 산목련이라는 일반명을 사용하지 말고, 목련 또는 함박꽃나무라는 각각의 정확한 국명으로 구분해 불러야 한다.

목련은 꽃(花)향기가 매울(辛) 정도로 강한 오랑캐(夷) 나무라는 뜻의 '신이화(辛夷花)'라고도 한다. 중국에서는 우리나라가 원산인 목련이, 오랑캐 나라의 나무가 되는 셈이다. 옛 중국의 한족(漢族)들은 우리 민족을 동쪽의 오랑캐라는 뜻으로 '동이족(東夷族)'이라 불렀다.

매울 정도로 강한 꽃향기는 특별한 쓰임새가 있을 것이다. 한방에서는 목련의 꽃봉오리를 '신이(辛夷)'라 하고, 비염과 축농증을 치료하는 약재로 사용하고 있다.

가곡 「목련화」 가사에 나오는 '희고 순결한 그대 모습' 때문일까? 박정희 전 대통령의 부인이자 박근혜 전 대통령의 어머니 육영수 (1925~1974) 여사가 제일 좋아했던 나무가 목련이다. 육 여사를 상징하는 꽃이 목련(木蓮)꽃이다. 이른 봄 북악의 잔설이 봄기운을 받아 자취를 감추면, 청와대 경내에는 그윽한 향기와 함께 목련이 하얗게 핀다.

"아무리 아름다운 미인이라 해도 여러 가지 장신구로 아름다움을 돋보이게 하려고 하지만, 목련은 아무런 꾸밈없이 그리고 잎새 한 장의 도움 없이, 앙상한 가지 꼭대기에 꽃만 홀로 피어 은은한 향기를 발산할 뿐 아니라, 꽃잎이 지는 것을 보면 때로는 외경스럽다."

청초한 목련을 아주 좋아했다는 육 여사가 목련에 남긴 글이다. 여사를 기리는 추모행사에는 가곡 「목련화」가 빠지지 않는다고 한다.

여사가 묻힌 서울현충원 묘소에는 생전에 그렇게 좋아했다는 목련이 여러 그루 심겨 있다. 묘소 조성 당시에 "나는 새도 떨어뜨린다"는 막강한 권력을 가진 대통령의 부인이었기에, 우리나라에서 으뜸가는 목련을 심었을 것이다. 육 여사를 목련에 비유한 시비(詩碑)도 함께 세워져 있다. 목련이 하얗게 꽃 필 무렵에 한 번쯤은 들러봄 직한 곳이다.

목련은 자라면서 가지와 곁가지가 비교적 많이 나오고, 수관(樹冠)이 왕성하게 발달한다. 세월이 흐르면 나이(수령樹齡)에 걸맞게 후덕한 느낌의 웅장한 모습을 드러낸다. 노거수(老巨樹)가 되면 수형(樹形)이나 수태(樹態)가 아주 좋아진다. 그러나 목련속 나무들은 다른 나무에 비해 수명이 짧은 편으로, 아주 오래된 목련 노거수는 보기가 어렵다.

흔히 "20년생 이하는 백목련이 좋고, 20년생이 넘으면 목련이 더 좋다"고 한다. 백목련의 이미지나 분위기가 '서양의 화려함'이라면, 목련은 '동양의 수수함'이다. 꽃향기도 재배종 백목련이 강렬하고 자극적인 반면, 자생종 목련은 다소 은은하고 기품 있는 내음을 풍긴다.

이른 봄 잎이 채 나오기 전에 하얗게 꽃봉오리를 맺는 목련은 백목련과 함께, 전국 어디서나 식재가 가능한 아주 인기 있는 조경수다. 하늘이 비좁을 정도로 틈새를 빽빽이 채우며 수많은 꽃을 매다는 백목련에 비해, 목련은 꽃의 양이 상대적으로 적어 한층 여유로운 느낌이다.

목련이 갖는 이런 차별화된 여러 특성을 감안하면, 사적지를 비롯해 서원이나 사찰, 궁궐 등과 같이 우리 전통의 분위기가 요구되는 곳에는 중국에서 들어온 백목련보다는 우리 고유의 나무에 해당하는 목련을 식재하는 것이 바람직하다.

백목련 꽃이 아주 오랫동안 피어 있다면 싫증을 느낄지도 모른다

아깝다고 생각할 때 꽃잎을 떨어뜨리는 나무가 바로 백목련이다

하늘을 채우는 연꽃 백목련

과명 Magnoliaceae(목련과)
학명 *Magnolia denudata*

白木蓮, 白木蘭, 木筆, 北向花, 玉蘭, 玉樹, 樹蘭, 香鱗, Yulan Magnolia

1

'백목련(*Magnolia denudata*)'은 현재 목련속 나무들 중에서 조경수로 가장 많이 심는 나무다.

대부분의 사람들은 이런 백목련(白木蓮)을 목련(木蓮)으로, 잘못 알고 있다. 백목련은 오래전 중국에서 들어온 재배종이고, 목련은 한라산에 자라는 우리 자생종이다.

사적(史蹟) 512호로 지정된 '경주 대릉원(大陵苑)'에는 우리 고유의 나무에 해당하는 '목련(*Magnolia kobus*)'이 어울릴 것이나, 중국이 원산인 백목련이 심겨 있다.

신라가 당(唐)의 힘을 빌려 삼국을 통일했기에, 이런 의미를 담아 중국 나무 백목련을 식재했다면 할 말이 없다. 허나 그럴 리 없고, 깊은 생각 없이 나무를 심은 것이다. 신라 왕과 귀족의 고분(古墳)이 밀집된 대릉원은 이른 봄 백목련의

경주 대릉원

서울 어린이대공원

251

촬영 장소로 유명한 곳이다. 어쨌든 수학여행지로 학생들이 많이 찾고 사람들의 발길이 잦은 이곳은, 백목련보다는 우리 목련이 한층 어울리는 곳이다.

종명(denudata)은 '겉으로 드러난'의 뜻이다. 목련속 나무들은 모두 열매가 익으면 벌어져 빨간 씨가 밖으로 노출되므로, 종명은 백목련이 갖는 고유한 차별성을 나타내는 것은 아니다.

2

붓을 닮아 목필(木筆)

목련속 나무들이 모두 그렇지만, 백목련은 꽃이 피기 전의 꽃봉오리가 선비가 쓰는 '붓(筆)'을 닮아 '목필(木筆)'이라는 별명이 생겼다. 그리고 이 목필의 꽃봉오리(花)가 모두 북쪽(北)을 향(向)하므로 '북향화(北向花)'라고도 한다.

옛 사람들은 '선비의 붓'을 의미하는 꽃봉오리가 북쪽을 바라보는 것은, 임금에 대한 선비의 변치 않는 충절을 나타내는 것이라고 생각했다. 비록 버림을 받아 남쪽으로 귀양을 왔지만, 북쪽에 계신 임금께 충성과 문안의 인사를 올린다는 의미다. 충(忠)은 유교를 믿는 선비가 으뜸으로 여기는 덕목이다. 이런 마음을 옛 사람들은 백목련의 꽃봉오리에 담아, 목필과 북향화라는 이름으로 표현한 것이다.

목련속 나무들은 모두 꽃봉오리가 붓을 닮고 북쪽을 향하므로, '목필'이나 '북향화'라는 이름을 사용할 수가 있다. 그러나 이 이름은 목련 특히 백목련에 한정되는 것 같다. 목련보다는 꽃봉오리가 큰 백목련에 이런 특성이 뚜렷하게 나타난다.

꽃봉오리가 북쪽을 향하는 북향화

꽃봉오리가 북쪽으로 향하는 것은, "백목련의 꽃봉오리가 다른 수종에 비해 햇볕을 받는 수광량(收光量)의 차이에 굉장히 예민하다"는 것을 의미한다. 겨울철 해가 위치하는 꽃봉오리 남쪽은 햇볕이 잘 비치고, 상대적으로 북쪽은 남쪽에 비해 잘 비치지 않는다. 그래서 꽃봉오리 남쪽은 북쪽보다 햇볕을 많이 받는다. 이른 봄이 되면 따뜻한 햇볕을 많이 받은 꽃봉오리 남쪽은 활발한 세포생장으로 빠르게 자라게 되고, 적게 받은 북쪽은 상대적으로 더디게 자란다. 이렇게 양쪽에 생기는 생장력의 차이로 인해 남쪽은 북쪽에 비해 빠른 자람을 보이고, 빠르게 자라 남쪽이 늘어진 꽃봉오리는 자연히 북쪽으로 향하게(굽게) 되는 것이다.

3

이른 봄 아지랑이가 피어오르고 햇살이 따사로이 비치기 시작하면, 백목련의 꽃봉오리는 기나긴 겨울잠에서 깨어난다. 따뜻한 봄기운에 응답하지 않은 채 그대로 있을 수는 없다. 하늘을 향해 봉오리를 살며시 열고 조심스럽게 꽃잎을 드러낸다.

허나 매서운 겨울 추위는 아직 끝난 게 아니다. 여린 꽃잎은 이런 변덕스런 날씨에 무척이나 민감하다. 낮과 밤의 심한 일교차는 이 여린 꽃잎을 누렇게 멍들게 한다. 낮에는 피게 해 놓고 밤에는 시샘하면서 상처를 준다. 심술궂은 기온에다 사나운 봄바람에 견디다 못해, 이 나무는 마침내 멍들고 시든 꽃잎을 떨어뜨리고 만다.

서울 아셈타워

다카야마

백목련은 이런 꽃샘추위에 대단히 약한 나무로, 꽃샘추위로 인해 꽃을 즐기는 기간이 아주 짧은 편이다. 제대로 피지도 못하고 누렇게 멍든 채, 그냥 시들고 마는 경우도 종종 있다. 만약 백목련 꽃이 아주 오랫동안 피어 있다면, 사람들은 곧바로 싫증을 느낄지도 모른다. 오히려 아깝다고 생각할 때 그리고 아쉬움을 느낄 때, 꽃잎을 떨어뜨리는 나무가 바로 백목련이다.

이 나무는 여러 이름을 가진다. 꽃은 '옥(玉)'이고 향기는 '난초(蘭)'에 비유해, 한자명을 '옥란(玉蘭)'으로 쓴다. '백목란(白木蘭)'이라고도 하는데, 영명 '율란(Yulan)'은 한자명 옥란을 영어로 나타낸 것이다. 이런 옥란(玉蘭)의 글자 각각을 취해 '옥수(玉樹)'나 '수란(樹蘭)'이라고도 한다. 꽃 조각 하나하나에 향긋한 내음을 담고 있어, 향기의 조각 조각이라는 '향린(香鱗)'이라는 이름도 있다.

4

국가표준식물목록에는 백목련(Magnolia denudata)과 백목련 '퍼플 아이'(Magnolia denudata 'Purple Eye'), 그리고 자주목련(Magnolia denudata var. purpurascens)이 등재되어 있다.

나무 이름처럼 백목련(白木蓮)은 흰색 꽃이 피는 목련이다. 그런데 꽃잎 안쪽은 백목련과 같은 흰색인데, 바깥쪽이 자주색으로 피는 것은 '자주목련(紫朱木蓮)'이다. 자주목련은 백목련의 변종(變種)으로,

조형물
슈퍼그래픽

백목련의 개화 시기는 개나리, 진달래와 비슷하다.

자주목련과 백목련

종소명(*purpurascens*)은 '보라색(purple)을 띠는'의 뜻이다.

거의 모든 사람들은 자주목련을 이름이 비슷한 '자목련(紫木蓮)'으로 착각해 같은 나무로 알고 있다. 자목련과 자주목련은 엄연히 다른 나무로, 이 두 나무를 구분하면 나무에 대한 지식이 상당한 사람이다. 분류학적으로 자주목련은 이름이 비슷한 자목련보다는 백목련에 가까운 나무다.

좁고 길쭉한 여러 장의 꽃잎들이 모여
하나의 꽃을 이루므로 꽃은 자연히 별모양이다

넌 어느 별에서 왔니? 별목련

과명   Magnoliaceae(목련과)
학명   *Magnolia stellata*

星木蓮, Star Magnolia

1

'별목련(*Magnolia stellata*)'은 별(星) 모양의 꽃이 피는 목련(木蓮)으로, 한자명은 '성목련(星木蓮)'이고 영명은 'Star Magnolia'다.

목련과 백목련이 크게 자라는 낙엽활엽교목인데 반해, 별목련은 대부분 낙엽활엽관목이고 때로는 소교목으로 자라는 나무다. 이 나무는 중국과 일본이 원산으로 알려져 있다.

종명(*stellata*)은 '별(stella)'에서 유래한 것이다. 별목련은 꽃 한 송이를 이루는 꽃잎이 9~18장으로, 목련의 6~9장이나 백목련의 9장보다 훨씬 많다.

목련과 백목련의 꽃잎 색깔은 모두 흰색이지만, 별목련은 대부분 흰색이나, 연한 분홍색으로도 나타난다. 꽃잎의 모양은 목련과 백목련에 비해 아주 좁고 긴 모습이다. 이런 좁고 길쭉한 여러 장의 꽃잎들이 모여 하나의 꽃을 이

큰별목련 '와일드 캣'(*Magnolia* × *loebneri* 'Wild Cat')

큰별목련 '빅 버사'(*Magnolia* × *loebneri* 'Big Bertha')

265

루므로, 꽃은 자연히 별 모양을 나타내고 별목련이라는 이름이 생겼다.

교목으로 크게 자라는 목련속 다른 나무들과 달리, 별목련은 관목이나 소교목의 적당한 크기로 자라므로 관상용 꽃나무로 활용하기가 비교적 쉽다. 분재용 소재로도 활용되는 등, 상대적으로 많은 품종이 만들어졌다.

국가표준식물목록에 별목련과 같은 종명(stellata)의 나무는, 별목련 '천리포'(Magnolia stellata 'Chollipo'), 별목련 '돈'(Magnolia stellata 'Dawn'), 별목련 '킹 로즈'(Magnolia stellata 'King Rose'), 별목련 '로세아'(Magnolia stellata 'Rosea'), 별목련 '로열 스타'(Magnolia stellata 'Royal Star'), 별목련 '워터릴리'(Magnolia stellata 'Waterlily') 등이 등재되어 있다.

별목련 열매

별목련 가로식재, 도야마

한편 별목련(*Magnolia stellata*)과 목련(*Magnolia kobus*)을 서로 교잡해, 교잡종(交雜種) '큰별목련(*Magnolia* × *loebneri*)'을 만들었다. 목련은 우리 자생종이다.

큰별목련의 종소명(*loebneri*)은 목련과 별목련을 교잡한 독일의 식물학자 '로에브너(Max Loebner)'에서 유래한 것이다. 본(Bonn)식물원에 근무하던 로에브너는 1917년에 큰별목련을 만들었는데, 우리 목련의 피가 섞인 만큼 우리 땅에서 잘 자라는 나무다.

꽃잎이 대부분 18장으로 나타나는 별목련에 비해 12장으로 나타나고, 꽃잎은 큰별목련의 이름처럼 넓고 약간 긴 편이다. 수형은 좁게 위로 향하며 잔가지가 많이 발달하는 밀집된 모습을 보인다. 잎의 크기는 목련과 별목련의 중간이다.

큰별목련

큰별목련과 같은 표기(*Magnolia* × *loebneri*)의 나무는, 큰별목련 '발레리나'(*Magnolia* × *loebneri* 'Ballerina'), 큰별목련 '빅 버사'(*Magnolia* × *loebneri* 'Big Bertha'), 큰별목련 '얼리 버드'(*Magnolia* × *loebneri* 'Early Bird'), 큰별목련 '앙코르'(*Magnolia* × *loebneri* 'Encore'), 큰별목련 '스프링 스노우'(*Magnolia* × *loebneri* 'Spring Snow'), 큰별목련 '베지터블 가든'(*Magnolia* × *loebneri* 'Vegetable Garden') 등이 국가표준식물목록에 등재되어 있다.

별목련

꽃향기로 새삼 주목을 받는 나무가 일본목련이다

꽃이 필 때에는 한 그루만 있어도 주변은 온통 그윽하고 짙은 향내에 젖는다

웅장한 자태와 짙은 꽃내음 일본목련

과명   Magnoliaceae(목련과)
학명   *Magnolia obovata*

후박나무, 떡갈목련, 厚朴, 日本木蓮, 香木蓮, Japanese Broadleaf Magnolia

1

일본이 원산인 '일본목련(*Magnolia obovata*)'은 목련속 나무들 중에서, 꽃과 잎이 가장 크고 키가 가장 크게 자라는 나무다.

생육 환경이 좋으면 30m 높이까지 자란다고 한다. 원줄기는 곧게 자라고 가지와 곁가지가 정연하게 나오기 때문에, 수형은 아주 웅장하고도 정제된 아름다움을 나타낸다. 많은 사람들이 얼핏 칠엽수(*Aesculus turbinata*)로 착각할 정도로 비슷하게 생겼다.

종명(*obovata*)은 거꾸로 된 달걀 모양인 '도란형(倒卵形)'이라는 뜻이다. 거꾸로 된 달걀의 '도란형(obovata)'과 비교되는 달걀 모양은 '난형(ovata)'이다. 목련속 나무들은 대부분 도란형의 잎을 갖기 때문에, 종명은 일본목련이 갖는 차별화된 특성을 나타내는 것은 아니다. 폭 10~25cm, 길이 20~40cm로 대단히 크고

일본목련

칠엽수

넓은 잎의 앞면은 짙은 녹색(綠色)인데 반해, 뒷면은 잔털이 빽빽하게 나 있어 회백색(灰白色)을 띤다.

잎이 나오고 한참 지난 6~7월에 가지 끝에는 지름 15cm 정도의 흰색 꽃이 핀다. 꽃잎의 개수는 대부분 8장이고 거꾸로 된 달걀 모양이다. 꽃받침은 3개로 꽃잎보다 짧은데 꽃잎과의 구별이 쉽지 않다. 단단한 모습의 꽃술대는 적자색을 보인다.

2

이 나무는 일본이 원산으로 1920년대에 일본에서 들어왔기 때문에, '일본목련(日本木蓮)'으로 이름이 지어졌다.

그러나 '주체 조선'을 특히 강조하는 북한에서는 일본목련이라는 이름을 사용하지 않는다. 원산지를 나타내는 일본목련을 대신해, 연한 노란색 꽃에 주목해 '황목련(黃木蓮)'으로 부르고 있다. 사실 황목련이라 부를 정도로 꽃잎 색깔은 노란색이 아니고, 아주 연한 황백색(黃白色)에 가깝다.

일본에서 들어온 이 나무는 아이러니하게도 일본목련이라는 이름을 거부한 북한의 조경과 녹화에 크게 기여했다. 장래 유용한 나무로 활용할 목적으로 1932년에 심었던 묘목이 지금은 북한의 천연기념물로 지정될 정도로 의미 있고 생태적 가치가 높은 군락을 이루었다. 1980년에 천연기념물 96호로 지정된 평안북도의 '삭주 황목련군락'과 185호로 지정된 황해북도의 '신계 황목련군락'이 그 사례에 해당한다.

황목련(*Magnolia acuminata*)

우리 국가표준식물목록에는 국명이 '황목련(*Magnolia acuminata*)'으로, 이름이 똑같은 나무가 있다. 우리 황목련(黃木蓮)은 북한의 황목련(*Magnolia obovata*)과는 달리, 이름이 의미하는 것처럼 노란색(黃)으로 꽃이 피는 목련(木蓮)이다. 황목련은 북미(北美)에 자생하는 목련 중에서 가장 빨리 개화하는 것으로 알려진 나무다.

이같이 남과 북은 같은 나무를 서로 다른 이름으로 부르고 있고, 같은 나무 이름이 서로 다른 나무에 해당하는 경우를 종종 볼 수 있다. 분단된 한민족이 겪는 이질감은 먼 곳에 있는 게 아니다. 흔히 보는 우리 주변의 나무에도 있다.

외래어에 심한 거부감을 갖는 북한에서는, 우리의 '리기다소나무(*Pinus rigida*)'를 '세잎소나무', '스트로브잣나무(*Pinus strobus*)'를 '가는잎소나무'로 부르고 있다.

3

일본목련은 향기 있는 목련이라는 '향목련(香木蓮)'의 별명이 있을 정도로 꽃향기가 짙고 강하다. 그래서 향내 가득한 방향식물원(芳香植物園)에서는 일본목련을 빼놓고 이야기하기가 어렵다.

그런데 '이열치열(以熱治熱)'이 이런 경우에도 통하는 것일까? 좀처럼 악취를 피하기 어려운 쓰레기처리장이나 공중화장실 주변에 이 나무를 식재하면, 개화기에는 어느 정도 효과를 볼 수 있다. 라일락(*Syringa vulgaris*)과 수수꽃다리(*Syringa oblata var. dilata*)가 이런 경우에 심는 대표적인 나무다.

짙은 꽃향기

'눈에는 눈, 이에는 이'라고 하니, '냄새(악취)에는 냄새(향기)'가 된다. 그런데 여기서는 향기로 악취를 내쫓으니, "Bad money drives out good(악화가 양화를 구축

박엽(朴葉)

한다)"는 '그레샴의 법칙(Gresham's Law)'이 거꾸로 통하는 셈이다.

원예 치료나 산림 치유가 새롭게 떠오르는 웰빙과 힐링의 시대를 맞아, 꽃향기로 새삼 주목을 받는 나무가 일본목련이다. 꽃이 필 때에는 한 그루만 있어도, 주변은 온통 그윽하고 짙은 향내에 젖는다.

4

일본에서는 이 나무를 '호오노키(ほおのき)'라 하고 한자는 '박목(朴木)'으로 쓴다. 큰 잎에다 아주 크게 자라는 나무이기에, '큰 박(朴)'에다 '나무 목(木)'이 됐는지는 모를 일이다.

박목의 잎에 해당하는 '박엽(朴葉)' 즉 '일본목련의 잎'으로 주먹밥을 싸면, 향기가 배어 오래 저장할 수 있다. 일본목련의 잎은 크고 넓어 주먹밥을 싸기에 아주 좋은데, 일본에서는 이를 산촌(山村)의 주요 수입원으로 활용하는 마을이 많다. "큰 잎으로 떡을 싸고 갈았다"는 '떡갈나무(Quercus dentata)'의 경우와 같다. 이래서 일본목련은 '떡갈목련'이라는 별명이 생겼다.

박목(朴木)의 나무 껍질은 '두께 후(厚)'를 붙여 '후박(厚朴)'이 된다. 이런 이유로 일본목련을 '후박(厚朴)나무'로 알고 있는 사람이 상당히 많다. 나무 껍질이 두꺼워 '두터울 후(厚)'를 쓴 것은 아니다. 두터울 후(厚)를 붙일 정도로 일본목련의 나무 껍질은 두껍다고 보기 어렵다.

일본목련 수피

"나도 없는데 하물며 내 것이 어디 있겠는가?"라는 '무소유(無所有)'로 널리 알려진 법정(1932~2010) 스님이, 일본목련을 후박나무로 알았던 대표적인 사람이다. 스님의 수필집 『버리고 떠나기』에는 이런 대목이 있다.

> 뜰 가에 서 있는 후박나무가 마지막 한 잎마저 떨쳐 버리고 빈 가지만 남았다. 바라보기에도 얼마나 홀가분하고 시원한지 모르겠다. 이따금 그 빈 가지에 참새와 산까치가 날아와 쉬어 간다.

2010년 3월에 입적한 스님은 순천 송광사(松廣寺) 불일암(佛日庵)의 일본목련 아래에 한 줌의 재로 묻혀 있다. 관도 없이 다비(茶毘)를 치른 무소유의 수목장(樹木葬)이다. 이 나무는 스님이 불일암에 거처하며 손수 심은 나무로, 안내판에는 "스님의 유언에 따라 가장 아끼고 사랑했던 후박나무 아래 유골을 모셨다"는 글이 적혀 있다. 스님은 자신이 가장 아끼고 사랑했던 일본목련을 아직까지도 후박나무로 알고 있다. 지금은 스님께 후박나무가 아니고 일본목련이라고 알릴 방법이 없다.

국가표준식물목록을 검색하면 이 후박나무와는 별개로, 국명이 '후박나무(*Machilus thunbergii*)'로 이름이 똑같은 나무가 있다. 일본목련과 달리 이 나무의

왼쪽 큰 일본목련 아래 스님의 유골을 모셨다

두꺼운 껍질을 한방에서는 '후박(厚朴)'이라 하고, 구토나 설사를 치료하는 약재로 사용하고 있다.

남부 지방의 섬이나 바닷가에 자생하는 녹나무과(Lauraceae)의 '상록활엽교목'인 후박나무와, 목련과(Magnoliaceae)의 일본목련을 가리키는 '낙엽활엽교목'인 후박나무를 구별해 불러 혼란을 방지해야 한다. 국명 후박나무와 일반명 후박나무를 명확하게 구별해야 한다는 것이다.

5

일본목련은 웅장하고도 정연한 자태를 드러내는 수형, 짙푸름을 자랑하는 크고 넓은 잎, 화려하지만 우아함을 감추지 않는 꽃, 그윽하게 퍼지는 짙은 꽃향기, 터질 듯한 느낌의 빨간 열매 등의 매력으로 사람들의 눈길을 끄는 나무다.

아주 크게 자라므로 주택 정원에는 적합하지 않지만, 식재공간의 크기에 제한을 받지 않는 공원이나 학교 같은 곳에서는 아주 좋은 조경수가 된다. 한여름 울창한 그늘을 드리우는 녹음수로는 아주 좋은 나무다. 꽃이 피면 그윽하고도 고혹적인 향내는 덤으로 얻는다.

한편 이 나무나 일본조팝나무(Spiraea japonica)처럼 이름에 '일본'이 들어 있는 나무는, 일본이 연상되기 때문에 환영을 받지 못하는 경우가 많다. 환영을 받지 못하는 정도가 아니고, 기피식물로 여겨져 식재되지 못하는 경우도 있다. 주요 조림수종인 '일본잎갈나무(Larix kaempferi)'는 의도적으로 국명을 사용하지 않고 일반명인 '낙엽송(落葉松)'으로 부르고 있다. 일본어가 이름에 그대로 들어

수고 9.5m, 수령 500여 년의 천연기념물 299호 남해 창선면 왕후박나무(*Machilus thunbergii* var. *obovata*)

후박나무 가로식재, 제주

있는 가이즈카향나무(*Juniperus chinensis* 'Kaizuka')는 더욱 그렇다. 문화재청은 현재 문화재 주변에 식재된 가이즈카향나무는 일제의 잔재로 여겨, 부적합한 수종으로 판단해 제거하고 있는 실정이다.

천안의 '독립기념관'이나 서울의 '서대문독립공원'처럼 항일(抗日)과 극일(克日)이 극도로 강조되는 곳은 역사적 맥락이나 상징적 의미에서 이런 나무들은 아무래도 어울리지 않는다. 우리의 전통 공간이나 역사적 유적지도 비슷한 경우에 해당한다. 국제화 시대에 편협한 애국심이나 극단적인 국수주의(國粹主義)를 강조하는 것은 아니다.

이름의 의미나 상징이 갖는 이런 제약에도 불구하고 일본목련은 조경수, 특히 그늘을 제공하는 녹음수로 대단히 좋은 나무다. 아주 크게 자라므로 여러 그루를 모아 심는 군식보다는 독립수로 심는 단식이 바람직하다. 도로를 따라 적당한 간격으로 열식을 하면, 웅장한 분위기의 특색 있는 가로경관을 연출할 수 있다.

일본목련은 대부분 아름다운 옥외공간을 만들기 위한 '조경수(造景樹)'로 활용하지만, 생육이 왕성하고 아주 큰 나무로 자라기 때문에 좋은 목재를 얻기 위한 '용재수(用材樹)'로 활용하기도 한다. 용재수로서 이 나무는 여러 좋은 특성을 갖고 있다. 목재의 재질과 질감은 대단히 좋다. 온도 변화에 의한 수축과 팽창이 적어 갈라지거나 뒤틀리지 않고 가공하기도 아주 쉽다.

국가표준식물목록에는 일본목련(*Magnolia obovata*)과 일본목련 '핑크 플러시'(*Magnolia obovata* 'Pink Flush')가 등재되어 있다.

목련과 백목련이 흰 꽃잎을 바닥에 떨구면

비로소 자목련이 보라색 꽃봉오리를 하늘에 펼친다

보라색 꽃의 수수함 자목련

과명 Magnoliaceae(목련과)
학명 *Magnolia liliflora*

紫木蓮, 紫玉蘭, Lily Magnolia

1

대부분 흰색으로 꽃이 피는 목련속 나무들과 달리, '자목련(紫木蓮)'은 자색(紫)
꽃이 피는 목련(木蓮)이다.

'자목련(*Magnolia liliflora*)'은 우리 자생종이 아니고 중국에서 들어온 재배종이
다. 백목련도 중국이 원산인 나무다.

"북쪽에 사는 한 남자를 같이 사랑했던 두 여자가 죽어, 무덤에 각
각 꽃으로 환생한 나무가 백목련과 자목련이고, 꽃봉오리는 사랑하
는 님이 있는 북쪽을 향한다"는 이야기가 전해 온다. 중국에서는 백목련
을 꽃은 '옥(玉)', 향기는 '난초(蘭)'에 비유해 '옥란(玉蘭)'이라고 한다. 이와 연관해
자목련은 '자옥란(紫玉蘭)'으로 부른다.

보라색으로 꽃이 핀다고 모두 자목련, 자주목련이 아니다

자목련

자주목련

자목련과 이름이 비슷한 나무로 '자주목련(紫朱木蓮)'이 있다. 이름 그대로 해석하면 자주색(紫朱) 꽃이 피는 목련(木蓮)이다. 실제로 꽃잎의 안쪽은 백목련과 같은 흰색이고, 꽃잎의 바깥쪽은 자주색이다. 학명을 보면 '자주목련(*Magnolia denudata* var. *purpurascens*)'은 흰색 꽃이 피는 '백목련(*Magnolia denudata*)'의 변종(變種)이다. 이는 자주목련이 분류학적으로 이름이 비슷한 자목련보다 백목련과 가까운 나무라는 것을 의미한다. 자주목련의 종소명(*purpurascens*)은 '보라색(purple)을 띠는'에서 유래한 것이다.

자목련과 자주목련의 꽃 색깔을 구분하기 위해, 우선 나무 이름에 나타난 '자색(紫色)'과 '자주색(紫朱色)'을 사전에서 찾는다. 색의 명칭이 다르므로 서로 미묘한 차이가 있을 것이라는 예상과 달리, 사전에서는 자색과 자주색을 같은 색으로 설명하고 있다. 그러면 자색과 자주색은 한글의 보라색, 영어의 Purple, Violet과는 어떤 관계가 있을까? 그런데 색채 전문가에 의한 감별의 수준이 아니고 단지 꽃 색깔을 구분하기 위한 경우에 먼셀(Munsell) 색상표에 따른 자세한 구분이 필요할까?

결론은 자색과 자주색, 보라색, 그리고 Purple, Violet 모두 거의 같은 색으로 생각한다. 이들 간에 약간의 차이는 분명히 있으나 서로 간의 그 미묘한 차이를 구분해 표현하기는 어렵다는 생각이다.

> 꽃잎의 바깥쪽은 진한 자색, 안쪽은 연한 자색이다 – 자목련
> 꽃잎의 바깥쪽은 붉은 자색, 안쪽은 흰색이다 – 자주목련

분류학적 기준에 의하면, '자목련'은 꽃잎 바깥쪽이 진한 자색이고 안쪽은 연한 자색으로, '자주목련'은 꽃잎 바깥쪽이 붉은 자색이고 안쪽은 흰색으로 설명하고 있다. 구체적으로 자색을 진한 자색의 '농자색(濃紫色)', 연한 자색의 '담자색(淡紫色)', 붉은 자색의 '홍자색(紅紫色)'으로 자세히 구분하고 있다. 자색과 자주색을 같은 색이나 거의 같은 색으로 여기고 있는 입장에서는 이런 자세한 구분을 알기가 어렵다. 농자색, 담자색, 그리고 홍자색이라는 꽃잎 색깔을 명확하게 구분할 수 있는 사람이 이 세상에 몇이나 될까?

보라색 계열로 꽃이 피는 목련 두 가지를 구분하는 나무 이름이 필요했다. 보라색을 의미하는 자목련과 자주목련은 단순히 이름으로 구분한 것이지, 꽃잎 색깔을 있는 그대로 묘사해서 자목련과 자주목련으로 명명한 것은 아니다.

그런데 이런 비유가 적절한 것일까? 뿌리가 같은 배달의 한민족이라 하더라도 아주 흰 피부를 가진 사람이 있는 반면, 검은 피부를 가진 사람도 있다. 이런 걸 감안하면 비록 다른 수종이라 하더라도 꽃 색깔이 같을 수 있고, 같은 수종이더라도 개체에 따라 꽃 색깔에 큰 차이가 나타날 수 있다.

분류학적 기준의 '진한 자색'과 '연한 자색'이라는 농담(濃淡)과 '붉은 자색'이라는 미묘한 색상(色相)의 표현은 자목련과 자주목련의 꽃잎 색깔을 있는 그대로 정확하게 묘사했다기보다는, 자목련과 자주목련의 꽃잎 색깔을 상대적으로 비교하기 위해 구분한 것에 지나지 않는다.

그런데 분류학적 기준의 "꽃잎의 안쪽 색깔이 자목련은 연한 자색이고, 자주목련은 흰색이다"는 내용은 자목련과 자주목련을 쉽게 구별하는 유용한 기

자목련(고창 선운사)

자주목련(서울여자대학교)

293

자주목련

준이 된다. 꽃잎의 바깥쪽 색깔로는 사실상의 구분이 어렵다. 꽃 색깔이 아니고 꽃 모양으로 구분하기 위해서는, 전문가 수준의 상당한 눈썰미가 있어야 한다.

자목련 꽃잎은 안쪽과 바깥쪽 모두 자색이다. 대개 바깥쪽이 짙은 자색으로 안쪽보다 더 짙은데, 이런 농담의 차이는 개체에 따라 다르게 나타난다. 꽃잎의 개수는 목련처럼 6~9장이나, 대부분 6장의 꽃잎이 모여 꽃 한 송이를 이룬다.

반면 자주목련 꽃잎은 바깥쪽이 붉은 자색이나, 안쪽은 같은 계열의 색상이 아닌 흰색이다. 이처럼 꽃잎 안팎의 색깔이 서로 완전히 달라 흡사 얼룩무늬의 알록달록한 느낌을 나타낸다. 꽃병으로 보이기도 하고 마주보는 두 얼굴로도 보이기도 하는 루빈 시지각(視知覺)이론(Rubin's FIgure)의 '그림(前景, figure)과 바탕(背景, ground)'에 해당하는, 사례가 자주목련의 꽃이다. 꽃잎의 개수는 백목련과 같은 9장이다.

얼룩무늬 느낌의 자주목련 꽃보다는 한결같은 순수함이 느껴지는 자목련 꽃이 더 좋은 것 같다.

목련과 백목련이 흰 꽃잎을 바닥에 떨구면, 비로소 자목련이 보라색 꽃봉오리를 하늘에 펼친다. 백목련의 변종인 자주목련의 개화 시기는 백목련과 같다. 그래서 자목련의 개화 시기는 자주목련보다 늦다. 그리고 자주목련이 백목련처럼 크게 자라는 교목인데 반해, 자목련은 관목이고 때로는 소교목으로 자라는 나무다. 주변에서 흔히 보는 것은 자주목련이다. 이래서 거의 모든 사람들은 자주목련을 자목련으로 잘못 알고 있다.

3

자목련의 종명(*liliflora*)은 'lily^(백합)'와 'flora^(꽃)'의 합성어다. 연꽃을 닮았다는 목련속 다른 나무들과는 달리, 자목련의 꽃은 나리(*Lilium spp.*)를 닮았다는 것이다.

'나리'는 백합속(Genus *Lilium*)의 모든 식물을 통칭해 부르는 일반명이다. 나리는 한자를 '백합^(百合)'으로 쓴다. 국가표준식물목록을 검색하면 '나리'라는 국명은 없지만, '백합(*Lilium longiflorum*)'의 국명을 갖는 종^(種)은 있다.

사실 목련속 나무들의 꽃이 연꽃이나 백합꽃을 닮았다고 하기에는, 실제의 모습과는 많은 차이가 있다. 알기 쉽게 그리고 보다 친숙한 명칭으로 나무 이름을 짓다 보니, 주변에서 흔히 보는 아름다운 연꽃과 백합꽃을 언급하게 된 것이다.

자목련의 꽃은 다른 목련속 나무들에 비해, 꽃이 활짝 피어도 뒤로 젖혀지지 않고, 질 때까지 꽃잎이 약간 벌어진 상태를 그대로 유지하는 편이다. 이런 특성이 있어 둥그런 모양의 연꽃보다는 약간 길쭉한 모양의 백합꽃에 비유한 것이다.

4

목련속 나무들이 대부분 흰색으로 꽃이 피기 때문에 보라색 꽃이 피는 자목련은 특이성과 희소성의 가치가 있다. 적당한 크기인

나리를 닮았다는 자목련

함양 정여창 고택

양산 통도사

관목이나 소교목으로 자라므로, 관상의 목적으로 활용하기가 비교적 쉽다. 자목련은 아주 오래전부터 우리 생활공간 곳곳에 즐겨 심어 왔던 나무다.

보라색 꽃은 전통 사찰의 단청(丹靑)과도 무척 잘 어울리고 불교적 색채가 강하게 느껴진다. 사찰을 비롯한 사적지나 서원, 그리고 궁궐 등 우리의 전통 공간에 아주 잘 어울리는 나무다. 도심 공간에 이 나무를 심어도 좋다. 자목련은 보라색 꽃으로 인해 시각적 요점이나 강조가 필요한 곳에 시선을 끄는 경관수(景觀樹)로 활용하기에 대단히 좋으나, 수형이 좋은 나무를 구하기가 비교적 어렵다.

우리 주변에는 보라색으로 피는 자목련보다는 흰색의 백목련이 훨씬 더 많다. 주변에 흔한 백목련보다는 상대적으로 귀한 자목련이 한층 대접을 받는 세상이다. 나이가 들면 줄기와 가지가 자연스럽게 굴곡이 지고, 고풍스런 아름다움이 풍기는 우아한 자태를 드러낸다.

국가표준식물목록에는 자목련(*Magnolia liliflora*)과 자목련 '창덕'(*Magnolia liliflora* 'Changdok'), 자목련 '도리스'(*Magnolia liliflora* 'Doris'), 자목련 '니그라'(*Magnolia liliflora* 'Nigra'), 자목련 '오닐'(*Magnolia liliflora* 'O'neill') 등이 등재되어 있다.

자목련

늘 초록의 옷을 입고 있는 상록의 나무다

큰 산의 대명사인 중국의 태산에 비유해 이름 지었다

한결같이 늘 푸른 모습 태산목

과명　Magnoliaceae(목련과)
학명　*Magnolia grandiflora*

泰山木, 広玉蘭, 洋玉蘭, Southern Magnolia

1

'태산목(*Magnolia grandiflora*)'은 사계절 내내 늘 푸른 모습을 보이는 목련이다.

　목련, 백목련을 비롯한 대부분의 목련속 나무들이 계절에 따라 옷을 갈아 입는 낙엽(落葉)인데 반해, 이 나무는 늘 초록의 옷을 입고 있는 상록(常綠)의 나무다. 꽃이 필 때를 잠시 제외하면, 언제나 한결같은 모습을 보이는 목련이 태산목이다.

　종명(*grandiflora*)은 'grand(큰)'와 'flora(꽃)'의 합성어로 '큰 꽃'이라는 뜻이다. 이 나무는 꽃이 크기도 하지만 아주 크게 자라므로, 큰 산의 대명사인 중국의 태산(泰山)에 비유해 '태산목(泰山木)'으로 이름이 지어졌다.

　산동성(山東省)에 있는 '태산(泰山)'은 중국의 다섯 명산인 오악(五岳) 중 하나다. 예부터 도교의 성지로 알려진 신령스런 산으로 1987년에 유네스코 세계문화

양주 개원(个園)

유산으로 지정되었다. "갈수록 태산이다", "걱정이 태산 같다", "티끌 모아 태산이다"와 같이 우리가 흔히 쓰는 말에서 태산이 아주 큰 산임을 쉽게 짐작할 수 있다.

양사언(1517~1584)의 시조에 태산은 아주 높은 산으로 등장한다.

태산이 높다 하되 하늘 아래 뫼이로다
오르고 또 오르면 못 오를 리 없겠지만
사람들이 제 아니 오르고 뫼만 높다 하더라

대만과 중국의 태산목 이름표

우리는 중국의 태산에서 이름을 따 '태산목'이라 하지만, 이 나무는 북미(北美)가 원산인 나무다. 대만에서는 이 나무를 서양(洋)에서 온 목련(玉蘭)이라는 '양옥란(洋玉蘭)'으로 부르고 있다.

우리와 북한처럼 분단의 아픔을 겪는 중국과 대만도 같은 나무를 다른 이름으로 부르는 경우가 있다. 중국에서는 꽃과 수형이 큰(広) 목련(玉蘭)이라는 '광옥란(広玉蘭)'으로 부르고 있다.

그런데 태산에 비유한 꽃이 크면 얼마나 클까?

꽃은 5~6월에 가지 끝에서 흰색으로 피는데, 지름이 12~15cm로 그윽하고도 아주 짙은 향내를 지니고 있다. 꽃잎은 대부분 9장으로 거꾸로 된 달걀 모양의 도란형(倒

卵形)이다.

웅장한 수형을 자랑하는 '일본목련(*Magnolia obovata*)'의 꽃의 지름이 15cm 정도라는 것을 감안하면, 태산목의 꽃이 오히려 일본목련보다 작은 것 같다. 태산목은 생육 환경이 좋으면 높이 20m까지 자란다는데, 30m까지 자란다는 일본목련이 훨씬 크게 자란다.

알려진 이름과는 달리, 목련속에서 가장 크게 자라고 꽃과 잎이 가장 큰 나무는 태산목이 아니고 일본목련이다.

2

나무가 혹한의 매서운 겨울철을 지내기 위해서는, 외부에 노출된 잎이 작으면 작을수록 좋다. 아주 추운 극지방에 자라는 나무는 대개 잎의 면적이 작은 침엽(針葉, Conifer)의 나무다. 반면 잎의 면적인 큰 활엽(闊葉, Broadleaf)의 나무는 추위가 오면 단풍이 들고 마침내 그 잎을 떨어뜨린다. 이런 이유로 한대 지방에서는 잎이 좁은 침엽수가, 열대나 난대 지방에서는 잎이 넓은 활엽수가 식생 분포의 주종(主種)을 이루고 있다.

태산목이 목련속의 다른 나무들과 달리 '상록활엽(常綠闊葉)'이라는 것은, 추운 곳보다는 따뜻한 곳을 좋아하는 목련이라는 것이다. 남쪽은 따뜻한 곳으로 이 나무가 남쪽에서 잘 자라므로, 'Southern Magnolia'라는 영명이 생겼다.

따뜻한 곳을 좋아하는 태산목은 비교적 추운 곳에서도 자라는 나무다. 그러나 추운 곳에서의 생장력이나 생육 상태는 남쪽보다는 못하다. 일반적인 상

타이중(臺中), 대만
모나코(Monaco), 모나코

조선대학교

오진(烏鎭), 중국
오르비에토(Orvieto), 이탈리아

가나자와(Ganazawa), 일본

록활엽교목에 비해 태산목의 생육 분포는 상당히 넓다. 동·서양을 막론하고 세계 곳곳에서 조경수로 식재된 이 나무를 쉽게 볼 수가 있다.

우리 중부 지방에서도 이 나무가 자라지만 따뜻한 남부 지방보다는 생장이 못하다. 중부 지방에서는 월동은 되지만 꽃이 피지 못하는 경우가 있고, 꽃이 피더라도 빈약한 경우가 많다. 이에 비해 남부 지방에서는 꽃이 잘 피고 생장도 좋아 아주 크게 자란다.

태산목은 크고 웅장한 수형, 아름다운 꽃과 짙은 꽃향기, 반질거리는 상록의 넓고 두꺼운 잎, 빨간 씨를 드러내는 매혹적인 열매 등으로 남부 지방에서 그늘을 제공하는 녹음수(綠陰樹)나 사람들의 눈길을 끄는 경관수(景觀樹)로 활용하기에 아주 좋은 나무다. 열매가 익으면서 겉으로 드러나는 빨간 씨는 주변의 새들을 유혹한다. 겨울에도 잎이 떨어지지 않는 상록이므로 관목(灌木)을 적절하게 보완하면, 불필요한 시선을 가리는 차폐의 용도로 활용하기에 아주 좋다.

아주 크게 자라 넓은 공간을 필요로 하므로 작은 정원보다는 공원이나 학교 같은 곳에 주로 심는다. 식재공간의 크기에 제약을 받지 않고 상당히 여유 있는 장소에 심는 것이 바람직한 나무다. 작은 나무일 때의 생장보다는 활착된 이후의 생장이 더 왕성하다. 나무의 이미지나 나무가 표출하는 분위기는 동양의 전통적인 느낌보다는 서양의 이국적인 느낌에 한층 가깝다.

베로나(Verona), 이탈리아

이스탄불(Istanbul), 터키

2014년 4월 16일에 발생한 세월호 참사 직후에 정상회담 참석 차 우리나라를 방문한 미국의 오바마(Barack Obama, 재임 2009~2017) 대통령은 희생자들을 애도하는 마음을 담아 백악관에서 가져온 태산목 '잭슨'(Magnolia grandiflora 'Jackson') 묘목을 안산 단원고등학교에 헌정했다.

"세월호 참사로 목숨을 잃은 수많은 학생들과 선생님들을 추모하며, 이들이 공부하던 학교에 백악관에서 가져온 목련 묘목을 바칩니다!"라며 애도와 위로의 뜻을 전했다. 당시 오바마는 희생된 학생들과 비슷한 또래의 딸을 둔 학부모의 입장이었다.

그가 가져온 나무는 제7대 미국 대통령 잭슨(Andrew Jackson, 재임 1829~1837)이 먼저 세상을 떠난 부인 레이첼(Rachel) 여사를 기리기 위해, 여사의 추억이 담긴 옛집에서 가져와 백악관에 심었던 목련의 묘목이다. 미화 20달러 지폐 앞면에는 서민 출신으로 최초로 미국 대통령이 된 잭슨의 초상(肖像)이, 뒷면 왼쪽에는 이 나무가 심겨진 백악관의 모습이 그려져 있다.

그토록 고대하던 대통령 취임을 불과 두 달 앞두고 레이첼 여사는 심장마비로 갑자기 죽었다. 취임식 예복으로 맞춘 하얀 드레스는 수의(囚衣)로 바뀌었고, 크리스마스 이브에 아주 슬픈 장례식이 치러졌다.

이후 독신으로 지낸 잭슨이 사랑하는 부인을 평생 그리워하며 돌보았던 이 목련을 사람들은 '잭슨 목련(Jackson Magnolia)'이라 불렀다. 학명은 *Magnolia grandiflora* 'Jackson'으로, 우리 표기에 따르면 태산목 '잭슨'이 된다.

당시 오바마 대통령은 "이 나무는 고귀한 아름다움을 뜻하고, 봄마다 새롭게 피는 꽃은 부활을 의미합니다. 이번 비극으로 사랑하는 사람들을 잃은 분들에게, 미국이 느끼는 깊은 애정과 연민의 뜻을 전하고 싶습니다!"라고 헌정한 이유를 밝혔다. 이 나무가 뜻하는 꽃말은 '고귀함'과 '부활'이다.

단원고 교정에 심겨진 태산목 '잭슨'은 식재 이듬해인 2015년부터 꽃을 피웠고, 이후 해마다 하얀 꽃으로 희생자들에 대한 추모와 부활의 의미를 알리고 있다. 어린 나무인데도 꽃을 피우고 있다니 예사로운 나무는 아니다.

참사 4주기를 훌쩍 넘긴 2018년 5월에야 처음으로 이 나무를 찾았다. 유난히 매서웠던 지난겨울의 혹독한 추위로 푸른 잎은 냉해(冷害)를 심하게 입었다. 애도와 위로의 뜻을 전한 미국의 대통령이 헌정한 나무인데, 그 흔한 안내문 하나 없었다. 그런데 오히려 다행이라는 생각이 들었다. 널리 알려져 유명세를 탔으면 나무가 온전할 리 없었을 것이다. 우리 단원고에는 추모와 부활의 하얀 꽃을 피게 했지만, 200년 나이를 훌쩍 넘긴 애틋한 사연의 백악관 어미나무(모수母樹)는 얼마 전에 수명을 다하고 말았다.

국가표준식물목록에 태산목과 같은 종명(grandiflora)을 갖는 나무는, 좁은잎 태산목(*Magnolia grandiflora* var. *lanceolata*), 태산목 '골리앗'(*Magnolia grandiflora* 'Goliath'), 태산목 '바리에가타'(*Magnolia grandiflora* 'Variegata'), 태산목 '빅토리아'(*Magnolia grandiflora* 'Victoria') 등이 등재되어 있다.

단원고의 태산목 '잭슨'

2018년 5월 5일

2019년 6월 1일

풍성하고 탐스런 함박꽃이라는 이름과 달리

다소곳이 아래를 내려다보며 소담스럽게 꽃이 핀다

하늘에서 내려온 선녀 꽃 함박꽃나무

과명   **Magnoliaceae**(목련과)
학명   *Magnolia sieboldii*

산목련, 木蘭, 天女花, Korean Mountain Magnolia

1

'함박꽃나무(*Magnolia sieboldii*)'는 함박꽃이 피는 나무다.

함박눈이나 함박웃음에서 알 수 있는 바와 같이, '함박꽃'은 '크고 환한 꽃'이다. 풍성하고 탐스럽게 피는 꽃은 아주 많지만, 예부터 함박 핀다는 '함박꽃'은 '작약(芍藥)'을 가리키는 것으로 알려져 왔다. 우리의 '작약'을 북한에서는 '함박꽃'이라 한다. 함박꽃나무는 작약처럼 생긴 꽃이 피는 나무에서 유래한 이름이다.

우리가 함박꽃나무라 부르는 나무를, 북한에서는 '목란(木蘭)'이라고 한다. 같은 나무를 남과 북이 서로 다른 이름으로 부르고 있다. 목란은 난(蘭) 향기의 꽃이 피는 나무(木)라는 뜻이다. 북한의 '목란'은 꽃 내음과 관련이 있으므로 후각(嗅覺), 우리의 '함박꽃나무'는 꽃 모양과 관련이 있으므로 시각(視覺)과 연관된

경상대학교

이름이다. 어느 것이 한층 더 가슴에 와닿는 이름인지는 각자의 판단에 맡길 따름이다.

목련속 나무들이 대부분 하늘을 향해 꽃이 피는데, 이 나무는 풍성하고 탐스런 함박꽃이라는 이름과 달리, 다소곳이 아래를 내려다보며 소담스럽게 꽃이 핀다. 누군가는 이를 마치 수줍은 산골 처녀가 부끄러운 듯, 차마 얼굴을 들지 못하고 고개를 숙이고 있는 모습으로 표현했다. 이런 모습을 하늘(天)에서 내려온 선녀(仙女)에 비유해 '천녀화(天女花)'라는 별명이 생겼다.

종명(sieboldii)은 독일의 식물학자 '지볼트(Siebold, 1796~1866)'에서 유래한 것이다.

2

'목란(木蘭)'은 현재 북한을 상징하는 나라꽃이다. 즉, 조선민주주의인민공화국의 국화(國花)가 목란이다.

우리의 '무궁화(Hibiscus syriacus)'에 해당하는 북한의 '목란(Magnolia sieboldii)'은 김일성(1912~1994)이 1991년 4월에 공식적으로 국화로 지정했다고 한다. 그러나 실질적으로 국화의 역할을 한 것은 1970년대 초반부터라고 귀순자들은 전한다. 무궁화가 법률에 의한 우리의 공식 국화가 아니고 오랜 관습에 따른 관념상의 국화인데 반해, 목란은 북한을 대표하고 상징하는 공식 국화다.

목란은 항일 빨치산 투쟁 당시 김일성이 처음 발견했으며, 목란이라는 나무 이름도 김일성이 직접 지었다고 한다. 이때까지 이 나무는 세상에 알려지지 않은, 이름도 없는 나무였던 것이다. 믿을 수 없는 이야기지만 이런 내용이 사실이라면, 김일성은 그들이 말하는 위대한 영도자 이전에 아주 대단한 식물학자가 된다.

김일성과 연관된 시설에는 대부분 목란꽃 문양이 들어 있다고 한다. 금수산의사당 바닥, 김일성의 혁명 사적지나 현지 지도 기념비는 물론, 판문점 북측에 세운 김일성 추모비에도 사망 당시의 나이를 의미하는 82송이의 목란꽃 문양이 새겨져 있다. 평양의 개선문은 김일성 탄생 70주년을 기념하기 위해 1982년에 만든 것이다. 아치 주변을 유심히 보면 테두리를 따라 목란꽃 70송이가 둘러져 있음을 알 수 있다. 평양 창광거리에 있다는 북한의 국빈용 최고급 연회장은 '목란관(木蘭館)'이고, 혁명가극 「금강산의 노래」에서 목란꽃은 '꽃 중의 꽃'으로 찬미되고 있다.

북한에서는 국화인 목란보다 '김일
성화(金日成花)'와 '김정일화(金正日花)'를 더
소중히 여긴다. 김일성화는 1965년 인
도네시아의 원예학자가 품종을 개량
해 김일성에 헌정한 난초과의 열대 식
물이다. 4개월 이상 개화 기간이 지속
돼 '불멸의 꽃'으로 알려진 김정일화는
1988년 일본의 원예학자가 품종을 개
량한 베고니아과의 다년생 식물이다.
앞으로 '김정은화(金正恩花)'가 생길 것인
지는 두고 볼 일이다.

　'진달래(Rhododendron mucronulatum)'도 북한에서는 목란 못지않게 귀한 대접을
받는 나무다. 기념 우표로 발행될 정도로 김정일의 생모 김정숙과 김일성이 특
히 좋아했던 나무다. 핏빛을 연상케 하는 진달래의 짙붉은 꽃 색깔은 과거 치
열했던 항일 빨치산 투쟁을 상징하는 것이다. 「피바다」를 비롯한 항일 빨치산
투쟁을 소재로 한 혁명가극에는 진달래가 반드시 등장한다고 한다.

3

우리 산기슭과 산마루, 산등성과 산골짜기 어디서나 자라는 함박꽃나무는 중
국과 일본에도 분포하는 나무다. 이 나무는 산에 자라는 목련인 '산목련(山木蓮)'

이다. 산에 자라는 우리 자생종 목련(*Magnolia kobus*) 역시 산목련이다. 산목련은 목련과 함박꽃나무 두 나무를 모두 지칭하는 일반명이다.

목련속 나무들 중에서 우리나라에 자라는 자생종은 산목련이라 부르는 목련과 함박꽃나무 2종(種) 밖에 없다. 그래서 '산목련'의 일반명으로 부르지 말고, '목련'과 '함박꽃나무' 각각의 국명으로 구분해 불러 혼란을 방지해야 한다.

함박꽃나무는 하늘이 비좁을 정도로 틈새를 빽빽이 채우며, 수많은 꽃을 매다는 백목련을 부러워하지 않는다. 백목련은 잎도 없이 피는 수많은 꽃으로 우리를 압도하지만, 이 나무는 잎과 함께 어우러지는 몇몇 송이의 청아하고 고혹적인 꽃으로 우리를 압도한다.

꽃은 모두 한꺼번에 피고 한꺼번에 지는 것이 아니다. 무궁화처럼 먼저 핀 꽃이 시들면 어김없이 새로운 꽃이 이어져, 날마다 새로이 영그는 꽃의 싱그러움을 음미할 수 있다.

5월에 잎이 완전히 나온 뒤에 지름 7~10cm의 크기로, 흰색으로 피는 꽃에는 아주 진한 향기가 있다. 6월까지 가지 끝에 탐스럽고 소담스런 꽃이 이어지는데, 다소곳한 모습으로 드문드문하게 피는 꽃은 온 주변을 그윽한 향내로 적신다. 정원에 한 그루만 있어도 꽃이 피면 집 안이 온통 그윽한 향내로 가득 찬다.

단동(丹東), 중국

함박꽃나무
Magnolia sieboldii

이 나무를 심으면 아름다운 꽃 모양으로 눈이 즐겁고, 향기로운 꽃 내음으로 코가 즐겁다.

4

함박꽃나무는 5m 정도의 높이로 자라는 낙엽활엽소교목이다. 때로는 관목의 형상으로 자라는 나무다. 수형은 그다지 좋지 못한 편이다. 대체로 자연스럽지 못한 모습을 보이고, 줄기와 가지는 빈약하고 엉성하게 나온다.

이 나무가 요구하는 생육 환경은 비교적 까다롭다. 공중습도가 약간 높고 다소 그늘이 있는 비옥한 습윤지를 좋아한다. 땅가림이 아주 심해 이식은 상당히 어렵고, 활착까지는 상당한 몸살을 앓는다. 맹아력은 아주 약해 새로운 가지가 잘 나오지 않는다. 그래서 가급적 가지치기나 전정을 하지 않고 자연상태로 키워야 하므로, 나무 모습은 자연스럽지 못하고 원하는 형상으로 키우기가 어렵다. 북한의 나라꽃일 정도로 꽃이 좋고 향기롭지만, 이런 점들이 조경수로의 활용에 제약이 된다.

국가표준식물목록에 함박꽃나무 이름을 갖는 나무로 자생종은 함박꽃나무(*Magnolia sieboldii*)가, 재배종은 중국함박꽃나무(*Magnolia sieboldii* subsp. *sinensis*), 화서함박꽃나무(*Magnolia globosa*), 윌슨함박꽃나무(*Magnolia wilsonii*), 하이다운함박꽃나무(*Magnolia × highdownenesis*) 등이 등재되어 있다.

찾아보기

꽃보다 꽃나무
조경수를 만나다

2019년 10월 16일 초판 1쇄 발행

지은이   강철기
펴낸이   이상경
부장   박현곤
편집   이가람
디자인   이희은

펴낸곳   경상대학교출판부 | 출판등록 1989년 1월 7일 제16호
주소   경남 진주시 진주대로 501
전화번호 055) 772-0801(편집), 0802(디자인), 0803(도서 주문)
팩스   055) 772-0809
전자우편 gspress@gnu.ac.kr
홈페이지 http://gspress.gnu.ac.kr
페이스북 https://www.facebook.com/gnupub
블로그   https://gnubooks.tistory.com

책값은 뒤표지에 있습니다.

이 도서의 국립중앙도서관 출판시도서목록(CIP)은 서지정보유통지원시스템 홈페이지(http://seoji.nl.go.kr)와 국가자료공동목록시스템(http://www.nl.go.kr/kolisnet)에서 이용하실 수 있습니다.
(CIP제어번호: CIP2019040082)